海绵城市设计系列丛书

海绵城市 ＋
水环境治理的可持续实践

正和恒基 著

U0291537

江苏凤凰科学技术出版社

前言

蕾切尔·卡逊在《寂静的春天》中提到："自然平衡并不是一个静止固定的状态；它是一种活动的、永远变化的、不断调整的状态。人，也是这个平衡中的一部分。有时这一平衡对人有利；有时它会变得对人不利，当这一平衡受人本身的活动影响过于频繁时，它总是变得对人不利。" 当城市化建设规模逐步扩大，不断改变自然平衡的现象，导致自然生态系统渐呈现不能自我修复的状态。

我国立足于综合解决城市水污染、水资源短缺、雨洪内涝、水生态安全等问题，提出了海绵城市理念，是人与自然和谐关系的高度探索和实践。但是在践行和实施海绵城市的过程中，往往只针对城市系统的具体问题进行解决，忽略了与城市其他系统之间的关系，导致城市系统建设不同步、发展不平衡。本书基于目前海绵城市和水环境治理方面存在的问题，提出了基于自然的解决思路——"海绵+"理念，并结合具体的实践案例加以阐释。通过协同自然生态系统和城市各子系统的关系，系统地解决水、交通、生态、城市空间与景观、基础市政设施、棕地、经济与文化、智慧城市等方面问题，采用"共生城市"工作方法，探索从顶层规划到落地实施的可持续的"海绵"功能技术实践体系。

本书结合正和恒基在城市可持续建设中近 20 年的应用案例，深度剖析了海绵城市的可持续内涵，并对水环境的可持续治理方式进行分析和解读，实现了两个方面的创新。一方面，结合宏观、中观、微观三个不同尺度下的实践案例，分别从城市规划层面、系统设计层面、具体技术措施层面，阐述和总结"海绵+"理念在城市可持续发展建设中的具体应用方式。另一方面，结合项目设计和实施经验，阐释"海绵+"可持续理念下水环境治理的全过程实践。

本书旨在为行业内及相关人士分享经验，特别是对初入本行业的同仁们具有一定的指导意义。文中涉及的项目案例仅作为规划设计理论和研究用途。对于本书所提倡的理论和观念，可能存在多元化的解读，也可能会有不同的观点。

《海绵城市 + 水环境治理的可持续实践》编写组

目录

1

海绵城市的
可持续发展理念实践
与建设体系探索

1.1 海绵城市的可持续发展理念

1.1.1 可持续发展理念的内涵

我们进行可持续发展理念的实践，必然需要深刻理解其内涵。"可持续发展"最早出现在世界自然保护联盟（IUCN）、联合国环境规划署（UNEP）、野生动物基金会（WWF）于 1980 年共同发表的《世界自然资源保护大纲》中："必须研究自然的、社会的、生态的、经济的以及利用自然资源过程中的基本关系，以确保全球的可持续发展。"而这一理念的内涵在不同地域、不同领域、不同行业等诸多细分版块中均有不同程度的实践，在实践过程中也逐步呈现出共性的原则，在此将其基于我们的理解进行解读。

1. 公平性——平衡发展原则

可持续发展探求的是发展的方式及途径，而非限制，但在发展的过程中，需满足本代人之间的公平、代际间的公平和资源分配与利用的公平这些限制条件。这些限制条件在可建设区域内分解开来，便涉及城镇化进程中横向和纵向的多个维度。一个地区的发展不应以损害其他地区的发展为代价，他们对同一空间中的自然资源和社会公共财富的享有权应该是同等的。因此，在城镇化发展的过程中，应以不限于地理空间位置、行政层级划分等分类方式的平等的发展权为前提，在规划建设者的实践过程中，理解并落实平衡发展的原则。

2. 持续性——弹性发展原则

持续性最主要的限制因素是人们赖以生存的物质基础——自然资源与环境。人口数量、环境、资源、技术状况和社会组织均会产生对物质基础的压力，这些在一定程度上可控、可变，但其发展也是不可逆的，保障空间环境的物质资源和环境承载力是城镇可持续发展的核心。当自然资源与环境受到各项发展的负向挤压时，我们应一方面控制负压力的强度，一方面强化自然资源与环境的自我恢复能力，双向消解，从而真正将城镇建设的当前利益与长远利益有机结合，遵从弹性发展原则。

3. 共同性——系统发展原则

发展及资源本身受到边界的限制，简单直接地消除边界不可行，而通过搭建通行适用的系统，跨越区域间物质、文化、经济等维度的差别，在发展的公平性和持续性上达成一致，在相同的底线和前提下，深化不同的可持续发展模式，才能在更广阔、更深入的层次上达成集约发展效应，更好地实现可持续发展的整体利益。

1.1.2 可持续城市建设

可持续发展涉及自然环境、社会、经济、科技、政治等诸多方面，研究者所站的角度不同，对可持续发展做出的解读也就不同。联合国可持续发展委员会提出的 17 个可持续发展目标旨在转向可持续发展道路，解决社会、经济和环境三个维度的发展问题，具体包括"①无贫穷；②零饥饿；③良好健康与福祉；④优质教育；⑤性别平等；⑥清洁饮水与卫生设施；⑦经济适用的清洁能源；⑧体面工作和经济增长；⑨产业、创新和基础设施；⑩减少不平等；⑪可持续城市和社区；⑫负责任消费和生产；⑬气候行动；⑭水下生物；⑮陆地生物；⑯和平、正义与强大机构；⑰促进目标实现的伙伴关系。"其中通过可持续城市建设能够直接达成或者间接辅助达成的目标达半数以上，可见城镇建设在可持续发展道路上将起到至关重要的作用，是其中不可或缺的部分。

同时，随着城镇发展的增长速度和城市化步伐加快，我们也需要继续投资建设可持续的基础设施，来加强城镇应对自然资源和环境变化的能力；建设平衡、弹性和系统化的可持续城镇空间，保障经济增长和社会稳定。

在生态城镇建设中，以可持续发展理念为指导，综合考虑城市功能、交通、建筑、景观与公共空间、水、能源、垃圾、智慧城市八个子系统，实现城市经济、环境、社会的协同发展（图1.1.1）。在城镇发展研究的不同细分领域，共同推进可持续发展理念，本书将在雨水基础设施及城镇水环境综合治理的领域进行详尽阐述。

图 1.1.1　生态城市子系统

1.1.3　城市水环境与可持续发展的相关性

自然资源与环境系统是一个生命支持系统，无论在城市还是荒野，一旦系统失去稳定性，生物将失去赖以生存的基础，在此基础上的城镇体系也同样会受到威胁。显然，自然资源的可持续利用是实现可持续发展的基本条件，而快速、直接的城市化进程对淡水供应、降水管理、污水处理、亲水环境和公众健康都带来了压力。为深化实践可持续的城镇发展理念，在城市水环境领域，我们持续探索在高密度人口的城市中提高用水、管水、治水效率的技术创新，同时减少资源和能源消耗。进一步保护、恢复和促进可持续利用陆地生态系统、可持续森林管理、可持续防治荒漠化以及可持续遏制生物多样性的丧失。

城市水环境按照功能层次分为供水系统、排水系统、水处理系统、地表水系统和自然水体等，按照治理目标又分为水生态、水环境、水安全、水资源、水景观等，按照治理流程又可以分为源头、中途和末端。不同的划分方式基于不同的专业解读角度，而专业的壁垒恰恰割裂了其中的系统性。探索服务于城市本体，以完善可持续的城市水环境支持系统为目标的途径，才是切实有效的方式。

1.1.4 海绵城市可持续发展实践

对于"海绵城市"的定义本身，本书不深入探讨。如何在较为广泛的定义之下，开展这一专项工作，使之成为国家生态建设、环境保护和资源合理开发利用的一个重要方面，才是本书探讨的核心问题。近年来，国家对生态建设、环境治理的投入明显增加，能源消费结构逐步优化，重点江河水域的水污染综合治理得到加强，大气污染防治有所突破，资源综合利用水平明显提高，通过开展退耕还林、还湖、还草工作，生态环境的恢复与重建取得成效。

同时，在持续建设的进程中也将坚守这一导向，对专项工作进行强化深入和广泛推进。在新建项目的实施过程中，从规划层面开始，将其列入单项考虑范畴，与之前的相关类别规划和配套设计的角度相比，重视程度提升了许多，正是在规划层面的提升提高了本项工作的技术要求。因此，对前期已实施工作进行反思将十分有益，本书将实践中不同阶段、不同应对的案例提炼总结，意在引发同行探讨。

相对于破坏后的治理，从长效管理的角度而言，前置的处理方式更为科学合理。即在建设的同时不破坏，在利用的过程中不干扰，在调整的阶段可更新，在时间和空间的维度上，满足资源与环境的可持续发展要求。

1.1.5 小结

再次回述可持续发展的定义——"保护和加强环境系统的生产和更新能力"，其含义为可持续发展是不超越环境、系统更新能力的发展。发展的步履不停，资源与环境系统的自我更新和修复也应同步升级。保持这一平衡，是保障系统可持续发展的唯一途径，是城市发展的能力建设中极其重要、不可或缺的途径之一。

1.2 正和海绵城市建设技术体系探索

1.2.1 海绵城市可持续设计目标与流程

基于可持续发展理论研究和实践探索，以海绵城市建设视角将海绵城市建设内容和要求有效落实到城市规划设计中、海绵城市建设过程中，需统筹协调城市开发建设的各个环节，响应各个系统、各个专业、各个阶段的城市建设，构建科学的工作技术体系（图 1.2.1）。

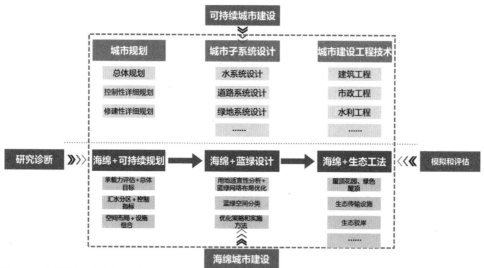

图 1.2.1 海绵城市可持续建设技术体系

1.2.2 海绵城市可持续建设技术体系分解

海绵城市是一个复杂的系统，海绵城市可持续建设技术体系能够响应城市建设的各个系统、专业和阶段。一方面，应将海绵城市的技术完整有效地融入原有城市规划建设体系中；另一方面，不挑战现行城市规划建设的基础架构，才便于实施落地。在保证海绵城市技术体系完善的同时，遵循现行规划建设流程，将城市建设分成三个层级，从宏观到微观，分别为：城市规划、城市子系统设计、城市工程建设。

在海绵城市建设过程中，应从城市总体规划到控制性详细规划再到修建性详细规划，结合技术体系，即通过"海绵 + 可持续规划—海绵 + 蓝绿系统设计—海绵 + 生态技术措施"的工作流程进行响应，评估城市水资源承载力，确定海绵城市可持续发展总体目标和建设策略，指导城市水系、道路、绿地系统等设计原则，优化蓝绿网络布局和实施方法。

在各层次不同阶段的实施过程中，应积极反馈，随时调整，并根据城市建设总体目标的变化、环境气候的变化等实时正向应对。

1.2.3 海绵城市可持续规划实践

1. 总体规划阶段

总体目标的制定并非是对规范中的普适要求进行简单直接地照搬，而是一个数据挖掘、计算、论证和核验的过程。构建海绵城市雨水系统，规划控制目标一般包括径流总量控制、径流峰值控制、径流污染控制、雨水资源化利用等。鉴于径流污染控制目标、雨水资源化利用目标大多可通过径流总量控制实现，各地海绵城市雨水系统构建可选择径流总量控制作为首要的规划控制目标。

在不同区域位置的城市实践中，需深入了解当地降雨特征、水文地质条件、径流污染状况、内涝风险控制要求和雨水资源化利用需求等，并结合当地水环境突出问题、经济合理性等因素，有所侧重地确定海绵城市控制目标。

城市总体规划（含分区规划）应结合所在地区的实际情况，开展海绵城市的相关专题研究，在绿地率、水域面积率等相关指标基础上，增加年径流总量控制率等指标，将其纳入城市总体规划。海绵城市中部分相关专项，需突破行政区域的划分，将研究范围扩展到对该城市有直接或间接影响的流域范围内，统筹上下游规划，确认流域视角下的城市发展定位和在海绵体系中的定位。

具体要点如下：保护水生态敏感区、集约开发利用土地、合理控制不透水面积、合理控制地表径流、明确海绵城市策略和重点建设区域。

2. 控制性详细规划阶段

控制性详细规划应协调相关专业，通过土地利用空间优化等方法，分解和细化城市总体规划及相关专项规划等上层规划中提出的海绵城市控制目标及要求，结合建筑密度、绿地率等约束性控制指标，提出各地块的单位面积控制容积、下沉式绿地率及其下沉深度、透水铺装率、土壤渗透率、绿色屋顶率等控制指标，将其纳入地块规划设计要点，并作为土地开发建设的规划设计条件。

对于特殊建设地块，因其他限制条件无法独立达标的，可与相邻区域内的绿地或其他性质的场地进行平衡，不应一味固守地块边界，造成过度浪费或过量设计。

具体要点如下：明确各地块的海绵城市控制指标、合理组织地表径流、统筹落实和衔接各类海绵城市设施。

3. 修建性详细规划阶段

要细化、落实上位规划确定的海绵城市控制指标。可通过水文、水力计算或模型模拟，明确建设项目的主要控制模式、比例及量值（下渗、储存、调节及弃流排放），以指导地块开发建设。

应按照控制性详细规划的约束条件，使绿地、建筑、排水、结构、道路等相关专业相互配合，采取有利于促进建筑与环境可持续发展的设计方案，落实具体的海绵城市设施的类型、布局、规模、建设时序、资金安排等，确保地块开发实现海绵城市控制目标。

1.2.4 海绵城市子系统设计实践

1. 适宜性分析，网格布局优化

海绵城市建设启动前，首先分析城镇总体格局对排洪蓄雨的影响、不透水面对地表径流的影响及其敏感性，确定绿地空间格局指标。基于城市内涝分布点的特征，分析不同指标对排洪蓄雨的敏感度，确定每个指标的权重，对选取的指标进行标准化处理，并进行加权计算，验证一致性。对必要的城市道路分隔、其他同等级的基础设施布局等，提出协调统筹、合理优化的调整建议，力求从规划层面着手，在问题出现之前解决，实现城市建设的长效有益发展。

2. 城市蓝绿空间分类

在海绵城市的视角下，原本在城市规划中相互独立的绿地系统、城市地表水系统、给排水系统、林地、园地以及其他用地中的附属绿地等，都成为相互联系的整体。

城市的蓝绿空间也在广义上包括了以上内容，整体考虑它们在自然资源与环境的可持续能力建设中所起到的作用，进行分级、分类。不限于城市绿地现行根据功能划分的五大类型——公园绿地、生产绿地、防护绿地、附属绿地及其他绿地，而是根据建设预期以及不同地块的排水需求，明确城市蓝绿网络不同层面所承担的指标，最终确定其功能、定位、面积等。

3. 城市绿地系统优化策略及实施方法

采用 GIS 分析等数字技术，得出绿地空间格局对城市排洪蓄雨适宜性的综合分析与空间分布图，并结合城市实际地形、道路、管网等，对城市内涝点分布进行校正，从而形成集雨型绿地格局，分析城市绿地排水压力分区并对绿地空间格局进行优化。

分类别计算相应区域的降水量，并对各种类型的绿地径流进行模拟，获得若干模拟结果。综合考虑成本和景观因素，选择最优模拟结果，从而确定不同集雨类型绿地建设的实施方式。

4. 城市地表水系统优化策略及实施方法

在很多地方，体量较小的城市开放水体被分隔开，进行独立规划设计；体量大或在水系中处于重要节点的水体，则进行防洪功能性设计。从可持续的海绵城市设计理念看来，这样的做法都是不全面、不完善的。应整体考量城市的地表水系统，突破行政区划，依照自然水系的规律进行统筹分析，从而更合理地确定城市水系统的深化设计目标。同时，不仅需要从本城市层面解决问题，还需要从流域层面多城市联动，协调相关流域、相关空间的上下游协同问题，切实实现可持续的水环境建设。

5. 城市给排水系统优化策略及实施方法

给排水系统有着完善的设计规范和设计标准，并沿用、验证多年，良好地支撑着多年来的给排水系统设计，但随着城市规模极速扩张和建设强度的叠加，原有的设计规则和思路不能完全满足城市可持续发展的需求，陆续有问题显现出来。海绵城市的优化并不排斥给排水设计中的管网系统，而是在管网系统的设计前端融入分散处理、多级处理、多渠道处理等地上地下相结合的方式，用更加开放的理念，扩充城市给排水设计的范畴，打破专业壁垒，从而更好、更经济有效地达成城市综合雨洪管控目标。

6. 城市林地、园地等其他系统优化策略及实施方法

此类用地在城市建设方面的规划设计中不占主要地位，但从生态角度而言，其在海绵城市的体系中发挥着重要的作用。

1.2.5　海绵城市可持续设计实践

本书从景观设计的角度出发，一方面对风景园林设计范畴内的海绵城市设计运用进行深入探讨，另一方面，也向相关的水利设计、水环境设计、建筑屋面设计、湿地设计及生态修复设计等领域进行广泛延伸和探索。

实践中以水为核心，尊崇自然水循环的客观规律，将与水产生相互作用的设计要素提炼出来，逐项进行研究；将与自然资源和环境产生互动的建设进程纳入设计分析的过程中，两者结合，从内生到外缘的不同角度，发掘惯常的设计需求之外的可持续发展建设需求，以此为目标，进行海绵城市的可持续设计实践。

作为本书探讨的核心内容，第二章从不同的专项设计入手，探讨城市不同功能、不同区域、不同角度的海绵城市设计；第三章则探讨将海绵城市设计全面融入城市建设实践，甚至对城市空间结构产生影响的问题。

1.2.6　海绵城市可持续生态技术措施

深入的设计需要有效的技术和工艺，才能真正达成设计目标，海绵城市的可持续生态技术措施是实现设计的有效途径，但某一单项技术措施，即使在某个水文或水质数据的处理结

果中表现十分优异，也无法取代海绵城市的系统性作用，如一块渗透效果极强的透水砖，也仅是海绵城市体系中道路面层铺设的选材之一而已。对不同类别、不同规模的生态技术措施，我们也无法简单判定其优劣，如生态滞留池是否一定优于混凝土蓄水装置，在其他条件不明朗的时候，也尚未可知。技术和工艺是设计落地的途径，但不能以偏概全、以点带面，适合当时当地的城市发展需求，解决当时当地城市雨洪管理问题，并能够随可预见时间内城市规模可持续发展的生态技术措施体系，才是最优的选择。

在实践中，设计与技术是融合在一起的，设计实现度与施工工艺是密切相关的。因此，从设计的过程中，了解海绵城市的各项技术、了解海绵城市的各项施工工艺是十分有必要的。设计参与到技术改进和施工工艺优化中，会突显出更好的效果。

1.2.7 小结

在海绵城市建设过程中，应始终贯穿可持续发展理念，在实践中完善海绵城市建设技术体系。优化城市建设策略和布局，采用海绵与生态工法相结合的技术手段，因地制宜，逐步优化，实现城市集约化的"海绵"功能。

2
海绵城市技术应用推演

2.1 "海绵 +" 城市规划

目前，海绵城市建设日益受到重视。因此，城市总体规划阶段应遵循可持续发展、生态优先等原则，以低影响开发为前提，以城市年径流总量控制率和对应的设计降雨量为目标，结合城市用地分布、城市水系、绿地系统、市政基础设施、环境保护等专项内容，制定适宜的城市低影响开发雨水系统的实施策略，并确定重点实施区域。

在开展城市总体规划修编时，应提出低影响开发策略、原则和目标，并将有关控制目标纳入城市水系、排水防涝、绿地系统、道路交通等专项规划。编制海绵城市专项规划、控制性详细规划以及排水防涝、绿地系统、道路交通等专项规划时，要将雨水年径流总量控制率作为刚性控制指标。编制专项规划应基于排水主干管的汇水范围进行排水分区的划分，并确定各区域的年径流总量控制目标。编制海绵城市专项规划时要提出近远期目标。

在控制性详细规划阶段，着重落实城市总体规划及相关专项（专业）规划确定的低影响开发控制目标与指标，因地制宜，落实涉及雨水渗、滞、蓄、净、用、排等用途的低影响开发设施用地；要将所在区域的年径流总量控制目标分解为建筑与小区、道路与广场、公园绿地的年径流总量控制指标，单位面积控制容积、下沉式绿地率及其下沉深度、透水铺装率、绿色屋顶率等低影响开发主要控制指标，明确地块建设要求和项目的布局、规模，指导下层级规划设计或地块出让与开发。划定城市蓝线时，要统筹考虑自然生态格局以及城市河流水系、水源工程的完整性、协调性、安全性和功能性，实现景观功能协调。

落实海绵城市需要政府统筹协调规划、国土、排水、道路、交通、园林、水文等职能部门，进而落实海绵城市的建设内容。规划部门是海绵城市相关规划的编制主体，由规划部门负责在各层次的规划中提出具体的实施理念、策略、目标以及控制指标，为海绵城市下阶段的设计、建设实施以及运营维护提供指导和依据。本章后面几节中，将详细介绍海绵 + 各项专项设计的具体内容及海绵城市建设的具体技术措施。

2.2 "海绵+"交通系统设计

2.2.1 交通系统"海绵+"设计理论

1. 传统交通系统规划设计

传统道路交通系统设计基本步骤为调查与现状分析、路网规划、道路设计。

1）调查与现状分析

详细调查项目周边地形、地质等自然条件和社会、经济、文化等现状和未来特征，考虑与其他道路、大型车站、机场等公共设施关系，预测未来道路建设的需求。

2）路网规划

一般的城市路网规划方法主要有交通区位线法、节点重要度法和专家经验法等。城市路网规划的一般思路是调查分析城市交通现状，根据城市经济和交通发展预测未来交通容量，确定道路的位置和走向，并按交通量的大小分配到各级道路中，形成城市路网。

3）道路设计

道路设计包括平面设计、横断面设计和纵断面设计，三部分应综合考虑、相互协调。

（1）道路平面设计

道路平面设计步骤一般分为定线和平面布置。定线就是根据城市道路系统规划和详细规划确定道路中心线的具体位置，平面布置则是按照道路两旁地形、用地、管线等要求，结合标准横断面，布置道路红线范围内道路各组成部分，例如道路排水设施、城市公交停靠站等。

（2）横断面设计

横断面宜由机动车道、非机动车道、人行道、分车带、设施带、绿化带等组成，特殊断面还可包括应急车道、路肩和排水沟等。

横断面设计应结合道路等级、服务功能、交通特性等各种控制条件，在规划红线宽度范围内合理布设。

横断面设计应满足远期交通功能需要。分期修建时应近远期结合，使近期工程成为远期工程的组成部分，并应预留管线位置，控制道路用地，给远期实施留有余地。城市建成区道路不宜分期修建。

改建道路应采取工程措施与道路交通管理相结合的方法布设横断面。

（3）纵断面设计

纵断面设计内容主要包括：机动车道最大和最小坡度设计、机动车道最大和最小坡长设计，非机动车道纵坡的坡度和坡长设计、竖曲线设计，包括竖曲线几何要素的计算及竖曲线高程的设计以及平纵组合设计。

设计时应注意坡度、坡长极限值的使用，应为条件受限时留有设计余地。竖曲线半径以较大为宜，受限制时可采用一般最小值，特殊困难方可采用极限最小值。小坡差采用大半径。平原、微丘地形的纵坡应均匀平缓，满足最小填土高度和最小纵坡的要求；丘陵地形应避免迁就地形而造成过大的起伏，纵坡当顺势而避免坡度突变。

2."海绵 +"交通系统的规划设计理念

1）海绵化城市道路与传统城市道路的区别

城市道路是城市空间形态和街道景观的重要组成部分，同时也是排水、光缆通信等基础设施的廊道空间。海绵城市道路采用低影响开发（Low Impact Development，LID）技术设施，不仅可以保证道路的通行能力，还能在解决道路排水问题的同时防止雨水对路面稳定性产生的影响（表2.2.1）。

表2.2.1 海绵城市道路与传统城市道路区别

项目	传统城市道路	海绵城市道路
设计目标	快排模式，树状结构，降低路面雨水径流	从源头、中途和末端进行雨水径流总量、峰值和污染控制的多级结构
设计理念	雨水口 - 雨水管网	结合 LID 设施，使雨水经过下渗、净化、滞留、调蓄，最终排入水体和管网
路面	非透水路面	透水铺装与非透水材料相结合
路缘石	连续的立路缘石或平路缘石	开口、打孔处理的路缘石
雨水口	传统的置于路面的雨水口	置于绿化带中的溢流井
路肩边沟	混凝土边沟	具有下渗、传输和一定净化功能的植草沟
道路绿带	高于路面，道路雨水无法流入	低于路面，可处理周围雨水，下渗能力好，具有净化和调蓄功能
停车场	雨水口排水	采用 LID 设施，结合周边绿地净化、下渗
广场		桥面排水与桥底 LID 设施，结合周边绿地系统地进行调蓄、下渗、净化、排水
高架桥、立交桥		
实施效果	灰色基础设施，下渗量小，管网负荷大，污染严重，维护管理成本高	灰色结合绿色基础设施，下渗量大，有效控制径流和污染，维护成本较低，景观效果较好

2）海绵化城市道路规划原则

（1）满足城市交通运输的要求

满足城市交通运输是海绵城市路网规划的基本要求，也是路网规划的重要依据。海绵城市路网要有合适的路网密度，城市中心区的密度较大，郊区较小，商业区的路网密度较大，工业区较小。城市道路的红线宽度要满足通行能力的要求，并且能够设置良好的绿化环境。

城市道路作为城市的骨架，是城市功能分区的分界线，划分各级道路和各类用地功能。城市快速路和交通型主干道可以划分城市组团或分区，城市主干路和次干路可以划分街区，城市次干路和支路可以划分小区或街坊，为与它相邻的地块服务，环路可以划分城市中心区或郊区。

（2）与城市用地性质相协调

道路功能应根据用地规划布局和交通出行需求合理确定，与相邻的用地性质相协调，满足交通、生活、休闲、景观等不同需要，为营造舒适、宜人、和谐的城市空间创造条件。

（3）与城市排水防涝相协调

海绵城市路网可以结合城市排水系统规划和排水防涝综合规划等相关规划，根据当地水资源条件，协调好道路与广场、绿化等用地之间的平面与竖向关系，避免因道路竖向不合理引起内涝或增加排水设施。山地城市同时应考虑山洪的影响，通过相关排水设施的设计，直接将山洪排入水体。城市市政管网的规划和建设与城市道路关系密切，道路要结合城市管网的规划合理设置。

（4）与城市水系相协调

城市水系是构成城市生态环境的重要组成部分，也是道路雨水径流排放的收纳体。城市道路不应破坏自然水系的走势，应尽可能顺河布置，保留两岸的自然景观；城市道路应避开水生态敏感区，不越过蓝线；可以结合 LID 设施，避免道路污染径流直接排入城市水系中。

（5）与城市绿地系统相协调

城市路网应结合城市绿地系统规划，包括道路红线内绿地和红线外绿地。城市道路红线内的绿地为道路服务，其设计应符合城市道路的性质和功能，如支路以慢行交通为主，应该从静态的角度设置绿化，可选择株距较大的小乔木、盆栽等进行绿化，交通干道要考虑绿化对机动车行驶的影响。城市道路是为红线外的绿地服务的，街旁绿地应与道路和建筑相配合，形成城市的景观骨架。

在规划道路周边的城市绿地时，应处理好道路与绿化的衔接关系，通过 LID 技术和设施的采用，保证道路雨水径流能够有效的排向绿地，避免排水不畅。

3）海绵化城市道路设计思路

海绵城市道路的设计思路是在海绵化城市道路规划的 5 个原则下，在满足交通功能和安全保障的同时，结合道路的纵坡和路拱横坡，利用道路车行道、人行道、停车场和绿化带设置透水铺装、植草沟、下沉式绿地、雨水湿地等 LID 设施，经过渗透、净化、调蓄，生态排水，实现城市道路的"海绵"功能（图 2.2.1）。

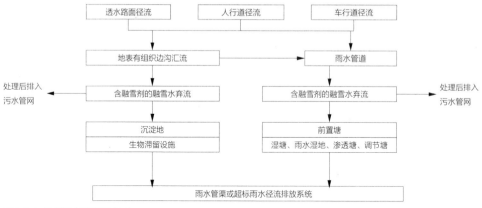

图 2.2.1 海绵城市道路设计思路

① 注意因地制宜，选择经济有效、方便易行的设施，充分利用道路红线内外的绿地空间设置 LID 设施，协调设施与道路的衔接关系。

② 在进行海绵城市道路设计时，应合理设计横坡的坡向，协调路面与绿带、红线外绿地的竖向关系，便于雨水流入 LID 设施中。

③ 在选取 LID 设施时，注意选择具有净化功能的设施，防止污染物进入水体，造成面源污染。

④ LID 设施中的植物应选择长势好、抗性强的本地植物。

⑤ 由于城市道路下敷设有各类工程管线，雨水下渗可能会导致地基不稳，引起工程管线的错位、燃气管爆炸等安全问题。因此，城市道路在采用 LID 设施时，应注意采取必要的防渗措施。

3."海绵 +"交通系统设计要素

1）机动车道与人行道

（1）机动车道

我国现有机动车道基本采用传统的非透水性路面，这会引起一系列问题，如阻断地下水补给，加剧城市热岛效应，雨天行车容易产生水雾、漂移等。近年来，城市道路的建设转向透水性路面，其透水性好，能够从源头有效地削减径流总量，回补地下水资源，降低城市的热岛效应，还能起到抗滑降噪的作用。对于车行道和公交专用道来说，透水性路面一般指透水沥青混凝土铺装路面。

采用透水铺装路面时，为避免雨水浸入路基，影响道路强度，应在路面结构的基层和中下面层采用非透水性材料，在上面层采用透水沥青混凝土，使雨水进入透水沥青混凝土面层结构的内部，从不透水顶面沿横坡排至盲沟或路侧分隔带中．与人行道相接时，在基层埋设排水管，纵向收集雨水，每隔一段距离排至雨水检查井内。

透水机动车道路拱横坡坡度宜采用 1.0% ~ 1.5%，道路最小纵坡坡度不应小于 0.3%，最大纵坡坡度不大于 6.0%。与人行道相接的机动车道（包含公交专用道）应采用含排水管的透水铺装（图 2.2.2）。

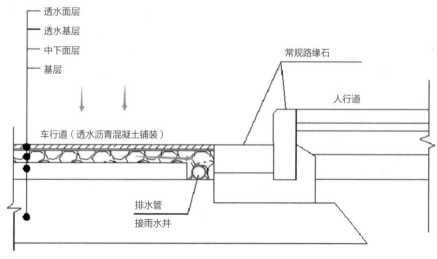

图 2.2.2　含排水管的透水铺装机动车道构造示意

（2）非机动车道与人行道

传统的非机动车道和人行道在雨天容易路面湿滑、积水，影响出行的安全性和舒适性，同时也加剧了城市的热岛效应、阻止了地下水资源补给。

透水铺装在人行道铺装中被广泛应用，而非机动车道的透水铺装不多。非机动车道和人行道的透水铺装，一般是指透水砖铺装或透水水泥混凝土铺装（图 2.2.3）。非机动车道和人行道采用透水铺装，使雨水渗入土壤，以达到避免路面积水、调节道路表面的温度和湿度、涵养地下水分等目的。对于透水能力较差的土壤，应该在基层内敷设排水管。透水非机动车道和人行道的路拱横坡坡度为 1.0%～2.0%，视透水情况而定。非机动车道和人行道纵坡坡度宜小于 2.5%。详细技术细节参见本书第 2.6.1 节。

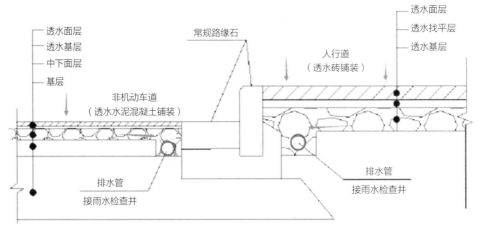

图 2.2.3　非机动车道与人行道透水铺装

（3）路缘石、雨水口

路缘石是设在路面与其他构造物之间的标石。在城市道路的分隔带与路面之间、人行道与路面之间一般都需设路缘石，在公路的中央分隔带边缘、行车道右侧边缘或路肩外侧边缘常需设路缘石。

而在海绵化设计中，路缘石则起到排水设施的作用，成为道路雨水径流的通道。这种路缘石一般分为两种：一种是与地面齐平的平缘石，通过道路坡向设计，径流雨水直接漫过路缘石流入 LID 设施；另外一种是高于路面的立道牙，通过打孔或设置缺口的方式，使径流雨水通过（图 2.2.4、图 2.2.5）。

图 2.2.4　开孔路缘石意向（图片来自网络）

图 2.2.5　缺口式路缘石意向（图片来自网络）

雨水口是排水系统汇集地表水的设施，一般设置在道路边缘。传统雨水口很容易因为径流冲刷和人为带来的垃圾堆积而堵塞（图2.2.6），导致排水效率大幅降低，在面对短历时强降雨或雨量大的长历时降雨时容易产生内涝，水质也会被污染，甚至危害地下水资源。

图2.2.6　堵塞的雨水口（图片来自网络）

要解决雨水口等集水设施的堵塞和污染，需进行截污设计，在传统雨水篦下面增设截污挂篮（图2.2.7、图2.2.8）。挂篮宜选用塑料等轻质材料，大小根据井口尺寸来确定，其长宽一般较井口略小20~100mm，以便于取出清洗格网和更换滤布；深度应保持挂篮底位于雨水口连接管的管顶以上，一般为300~600mm。挂篮分成上下两部分，侧壁下半部分和底部设置土工布或尼龙网。土工布规格应根据所用地点的固体携带物和雨水径流强度等来确定，一般为100~300g/m²，有效孔径50~90μm，透水能力强，可拦截较小的污染物。为防止截污挂篮堵塞而降低过流能力，一般截污挂篮侧壁上半部分不设土工布，直接利用金属格网自然形成雨水溢流口，金属格网可拦截较大污物。对于设置在LID设施中的溢流井，则可以在溢流井井口散置直径20~25mm的砾石，对较大杂质进行初步过滤。

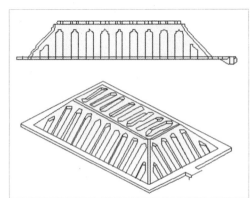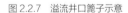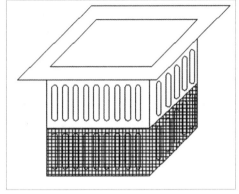

图2.2.7　溢流井口篦子示意　　　　　　　　图2.2.8　截污挂篮示意

（4）道路绿化

一般分车带、绿化带和设施带都是在道路绿带中设置的，道路绿带是城市道路红线范围内呈带状布置的绿地，有分车绿带、行道树绿带和路侧绿带三种。

分车绿带按其在城市道路横断面中的功能和位置不同分为中间分车绿带及两侧分车绿带，具有隔离防护和美化的作用。城市道路红线范围内的分车绿带包含机动车道之间的中间分车绿带、机动车道与非机动车道之间的两侧分车绿带。行道树绿带为行人和非机动车提供庇荫，一般布置在人行道与车行道之间。路侧绿带一般布置在人行道边缘与道路红线之间。

传统的道路路缘石高于路面，绿化带仅接纳自身范围内的雨水径流，道路路面的雨水径流均排入雨水口，经雨水管道排除，绿化带的雨水渗透能力差，无雨水储存和净化能力。

2）管网系统

海绵化的道路交通排水管网具有与传统道路管网系统相同的雨水口、检查井和排水管道。海绵化管网系统在此基础上要求选用环保型雨水口，如设置开口路缘石而不核减雨水口数量。在选用透水铺装的路段，排水暗管接入雨水井（构造见图2.2.2）。

3）海绵化道路——复合"渗、滞、蓄、净"功能的新型道路

LID绿化设施可以使路面雨水径流进入绿化带内储存，并且入渗能力强，有雨水净化功能。相比传统道路雨水径流直接排入管网的模式，滞留、滞后效果明显，可以有效缓解管网压力。分车绿带可以采用的LID设施有下沉式绿地、植草沟、雨水花园等，行道树绿带可采用生态树池。为防止雨水下渗可能对道路路面和路基、甚至地下设施造成破坏，须做好LID设施近路一侧的防渗措施（图2.2.9）。

LID绿化设施技术细节参见本书第2.6.1节。

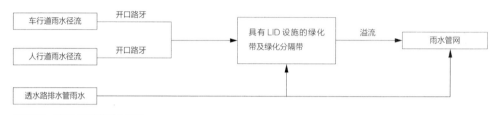

图 2.2.9 海绵城市道路排水示意

2.2.2 应用案例

本节将以曹妃甸工业区北环路景观绿化设计、唐曹高速连接线景观设计和迁安惠隆大街PPP（即政府与社会资本合作）项目作为案例，完整展示海绵化交通系统规划设计。

1. 曹妃甸工业区北环路景观绿化设计和唐曹高速连接线景观设计

1）现状分析

（1）区域背景与区位分析

本项目位于河北省唐山市曹妃甸工业区北侧边界，项目主要为道路两侧 50m 宽绿带及中央三条绿化隔离带的景观设计，东段全长 18km，占地 180hm^2，为一带状绿化结构，道路两侧为吹沙回填地面，均为海沙，地基较软，地下水位较高。北环路东侧为将来通往曹妃甸生态新城的重要干道，属于设计中主题表现的重点（图 2.2.10）。

图 2.2.10 曹妃甸工业园区周边用地分析

（2）场地现状

场地土壤瘠薄，基质均为吹沙回填地面；场地平坦，过于开阔，地基较软；地下水位高，水中含盐量高；海风盛行，湿度较大；道路无排水系统，路面积水。

（3）周边用地分析

自西向东依次为：加工工业区，综合服务区，滨海休闲区，装备制造基地，产业发展备用地。

2）设计应对的问题及对策

（1）设计模式

北环路作为曹妃甸北界和门户，重点在于有效整合北环路绿化带的生态、景观、门户等多项功能，形成一个充满生机的道路绿化生态系统，打造特殊场地条件下的特殊景观，为华北地区类似项目的可持续性设计探索新的模式。

（2）生态恢复

在盐碱度高、雨水稀少和气候条件相对恶劣的场地条件下，创造集道路防护、城市绿地以及康体休闲等功能于一体的新道路绿化景观，为工业区提供良好的环境。

3）专项设计

（1）排盐工程

滨海重盐渍地区生态重建的技术体系主要为工程技术和生物技术，从内容上分为盐碱地治理技术和植被恢复重建技术。

正和恒基拥有"盐碱地治理体系""高水位不透水盐碱地的绿化方法和绿化体系"等多项盐碱地改良专利技术，本项目则是"盐碱地治理体系"的应用案例。盐碱地改良技术是指通过抬高地面、暗管排盐、生物净水等途径，降低地下水位到 1.3m 以下，应用中水、利用雨水和节水灌溉提高水体利用效率，同时也作为洗盐的必要措施。

土壤改良技术采用施用化学改良剂、增施有机肥等措施。植被恢复和重建技术遵循植物演替规律、生物多样性和生态位原理，首先引进耐盐先锋草、灌木，在此基础上选择适宜的乔木、灌木、草本植物，最终实现植被重建。

（2）海绵 LID 设计、水质保障

紧靠道路一侧设计雨水收集设施（湿地），含有雨水收集、净化道路污染、净化再生水以及增强雨水渗透以冲刷土壤盐碱等功能，同时营造出盐碱地湿生植物景观特色（图2.2.11）。

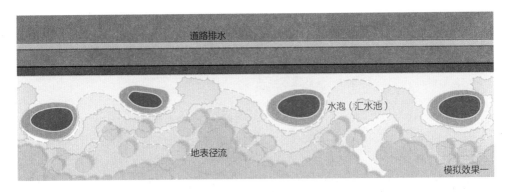

图 2.2.11 雨水收集现场效果模拟

（3）植物选择

生物群落演化有几项明显特征：

① 植物群落对地力的要求从低到高发生迁移变化；

② 土壤厚度逐步增加；

③ 植物群落的高度从低到高变化；

④ 从寿命短的种类向寿命长的种类发生变化；

⑤ 先锋植物在一系列变化中起到重要作用。

根据生物群落演绎理论，盐碱地的生态恢复顺序一般应为：先锋植物（一般人工选择草类植物）—当地草种—灌木—乔木（图 2.2.12~ 图 2.2.14）。

盐地碱蓬　　　　　　　柽柳　　　　　　　　　二色补血草

马蔺　　　　　　　　　苜　　　　　　　　　　枸杞

芦苇　　　　　　　　　丽草　　　　　　　　　水草

图 2.2.12　先锋植物的选择

杜梨　　　　　　　　　臭椿　　　　　　　　　白腊

栾树　　　　　　　　　刺槐　　　　　　　　　柳树

图 2.2.13　乡土植物的选择

图 2.2.14　植物群落景观意向

2. 河北省迁安惠隆大街 PPP 项目（国家第一批海绵城市试点项目）

1）迁安惠隆大街 PPP 项目概况

惠隆大街位于河北省迁安市，道路位置：西起燕山南路，东至丰庆路，东北侧紧邻奥体中心，燕山路西侧为龙形公园水系，道路总长 1225m。

惠隆大街道路项目特点：下垫面类型——道路硬质铺装，一般为沙土轻壤，地下水较丰富，含水层平均厚度 25m；竖向条件——惠隆大街以丰喜路为界自东向西地势从高变低，丰喜路至丰庆路自西向东，从内至外横向坡度 1.5%；排水体制——惠隆大街现状雨水系统为分流制排水系统，已建设相应雨污水管线，皆为单排管。

2）迁安市道路现状分析

示范区系统布局结构可以概括为：一轴兴城、一心引领，四区联动、六楔渗透、多廊串联、多点分布。以滦河为主体的城市绿轴，积极打造滦河两岸绿地线型空间，构建"城水交融"的生态基础，为迁安构筑起"山水城市"的可持续发展试点城市。整体道路管网规划和改造是系统布局的纽带，组成部分包括自然廊道、燕山大路、钢城大街、惠昌大街、世纪大道构建的人工廊道（图 2.2.15~ 图 2.2.18）。

示范区整体道路现状：道路周边村庄及农田面源污染相对较为严重，道路绿地面积有限，年径流总量控制率难达标，管网建设状况与规划中重现期标准相距甚远。

图 2.2.15　迁安市排水管网分布

图 2.2.16 积水内涝点分析

图 2.2.17 道路海绵设计难易程度分析

图 2.2.18　现状道路实景照片

3）道路设计要点

① 道路改造应基于道路汇水区域，结合红线内外绿地空间、道路纵坡及标准断面、市政雨水排放系统布局等，充分利用既有条件。

② 可改造部分的绿化带以降低现状标高、路缘石开口改造等方式将道路径流引到绿化空间，并通过在绿化带内设置植草沟、雨水花园、下沉式绿地、生态树池等滞留设施净化、消纳雨水径流，并与道路景观设计紧密结合。

③ 针对道路低洼地等积水点进行改造，应充分利用周边现有绿化空间，建设分散式源头调蓄措施，减少汇入低洼区域的"客水"。桥面雨水落水管尽量接入绿地，管口应铺设卵石层消能、散水。在周边绿化空间较大的情况下，应结合周边集中绿地、水体、砂石坑、公园、广场等空间建设雨水调蓄、蓄渗设施。

④ 非机动车道、人行道以及其他非重型车辆通过路段改造，应优先采用渗透性铺装材料。

⑤ 当道路红线外绿地空间有限或毗邻建筑与住区时，可结合红线内外的绿地，采用植草沟、生物滞留设施等雨水滞蓄设施净化、下渗雨水，减少雨水排放。

⑥ 当道路红线外绿地空间规模较大时，可结合周边地块条件设置雨水湿地、雨水塘等雨水调节设施，集中消纳道路及部分周边地块雨水径流，控制径流污染。

4）迁安市道路管网现状分析

目前迁安市中心城区排水体制基本为截流式合流制和部分雨污分流共存的排水体制。河东区排水体制为截流式合流制，截流干管沿三里河敷设，河东区阜安大路以西，三里河以北片区及惠民大街以南区域的排水管网基本按照分流制进行敷设，其余区域按照合流制进行敷设。根据试点区排水管网分布及建设情况，将试点区与相关区域排水管网系统分为惠民大街以北至阜安大路以西、惠民大街以北至阜安大路以东以及惠民大街以南三个区域。

惠民大街以北至阜安大路以西区域管网已进行了雨污分流建设，但由于雨水管网设计标准偏低（0.5年一遇），区域内仍会出现内涝积水情况。考虑到该区域雨水管网刚建成不久，近期再次提标建设可能性小，因此，近期方案以因势利导，利用公园绿地和黄台湖作为临时调蓄设施，并增加前端雨水净化设施的方式解决该区域内涝积水问题。远期方案根据城市排水防涝规划要求，雨水管道按2年一遇标准进行设计。

惠民大街以北至阜安大路以东区域包含合流制和分流制两种排水方式，根据迁安城市排水防涝规划要求，对合流制管网进行雨污分流改造和现有雨水管网的提标改造（2年一遇），合理规划三里河沿岸雨水排放口，保留原合流制管道，用作排放城市污水，关闭沿河溢流口。

惠民大街以南区域已经进行了雨污分流建设，但由于管网能力设计不足，仍会出现内涝情况，考虑到该区域的管网建设新近完成，近期内再次提标建设可能性较小。远期根据城市排水防涝规划要求，雨水管道按2年一遇降雨进行提升设计。

本方案为了避免对已建管线重复施工并达到提标改造的目的，采用DHI Mike Zero模型，构建了示范区现状条件下和规划情境下的一维管网模型和二维地表漫流模型及一维与二维耦合模型，以现状管网条件为基础，通过不同重现期降雨情景下的管网运行情况及地表积水风险模拟分析，进行管网建设方案优化设计。通过工程改造，总体上使迁安市雨水管网设计标准达到2~3年一遇的设计重现期标准（图2.2.19~图2.2.21）。

图 2.2.19　现状管网运行模拟分析

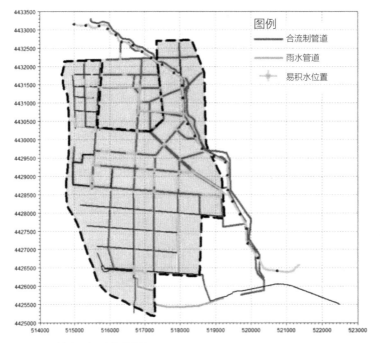

图 2.2.20　地表积水风险模拟分析

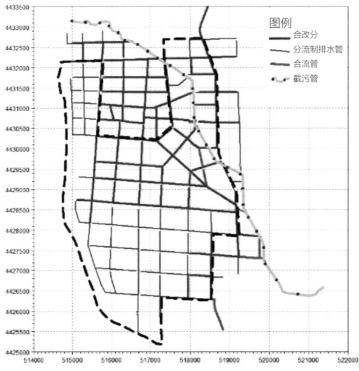

图 2.2.21　规划后管网运行模拟分析

5）迁安市道路基本条件分析

本方案为惠隆大街道路海绵改造工程，工程位于迁安市海绵城市建设试点区域内，西起燕山南路，东至丰庆路，东北侧紧邻奥体中心，燕山路西侧为龙形公园水系。道路总长1225m，道路红线范围宽55m，机动车道宽22m，机动车道与非机动车道隔离带宽4m，非机动车道宽6.5m，人行道宽6m。

（1）下垫面性质

道路包含机动车道、非机动车道、人行步道三种硬质下垫面，宽分别为22m、6.5m和3.5m，此外有4m宽机动车道与非机动车道分隔带，树池宽1.5m。

（2）竖向条件

惠隆大街以丰喜路为界，其中丰喜路至燕山路段路长约550m，自东向西地势从高变低，路面高程从46.292m降至46.028m，高差264mm；丰喜路至丰庆路路段长约700m，高程自西向东从46.292m降至46.100m，高差192mm。道路自中心线至机动车道与非机动车道分隔带宽度11m，横向坡度1.5%；非机动车道宽6.5m，自人行步道向机动车道与非机动车道分隔带横坡1.5%；人行步道宽3.5m，从内至外横向坡度1.5%。

（3）下垫面类型

包括道路硬质铺装和绿带，此外有管网承接两侧开发地块雨水径流。

（4）空间条件

除道路自身硬质下垫面和绿带外，燕山路西侧有大面积绿地和水系条件。

（5）径流污染

无论采取何种排水体制，由于受道路下垫面影响，道路表面沉积的各类污染物质经雨水冲刷，往往随雨水径流经管渠或道路表面输送至下游水体，造成较为严重的雨水径流污染，对下游三里河水质保障不利。

6）迁安市道路系统海绵城市设计

（1）水文计算

根据《室外排水设计规范》（GB 50014—2016）对流量进行计算，其中暴雨强度公式可参考《暴雨强度公式编制技术指南》。根据《海绵城市建设技术指南——低影响开发雨水系统构建》设计调蓄容积，采用容积法进行计算（表2.2.1）。

表2.2.1 惠隆路水文计算

路段	绿化面积 （m²）	沥青路面面积 （m²）	人行步道面积 （m²）	径流系数	设计降雨量 （mm）	径流体积 （m³）
燕山路至丰喜路	4593	20691	4379	0.74	29.6	651.4708
丰喜路至丰庆路	6180	26886	5321	0.74	29.6	839.0386
总计	10773	47577	9700	0.74	29.6	1490.509

技术方案与流程一：

将机动车道和非机动车道之间的机非分隔带改造为下沉式生物滞留带，其中断面缩窄处改造为植被浅沟，机动车道和非机动车道路缘石沿雨水口处及两雨水口之间开豁口，将道路和机动车道与非机动车道雨水导入生物滞留设施和植被浅沟，利用生物滞留带进行雨水的调蓄、净化和下渗，生物滞留带内接近雨水口处设置溢流口，并通过连接管与雨水口或雨水井衔接。生物滞留带底部设置集水盲管，将下渗雨水收集输送至溢流口，与超出生物滞留设施容纳能力的雨水经多级溢流口排入市政雨水管线，最终排入三里河。

人行步道进行透水铺装改造，坡向调整为以1.5%的边坡比坡向道路一侧，同时考虑防冻融设计，对孤立的树池进行4株一组连通，树与树之间进行下凹，收集非机动车道和人行步道雨水径流。树带靠近非机动车道一侧预留溢流口，超出下沉式树带储存能力的雨水溢流，进入生物滞留带，超量雨水由滞留带内溢流口排放至雨水管线（图2.2.22、表2.2.2）。

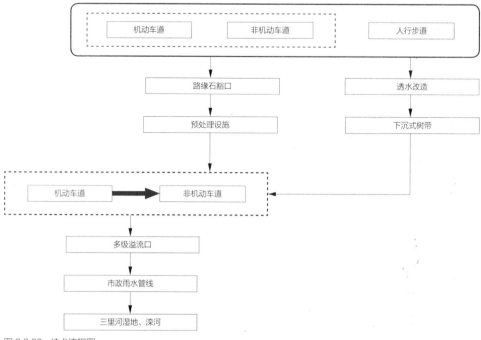

图2.2.22 技术流程图一

表 2.2.2 设计方案一工程量

路段	项目	单位	数量
燕山路至丰喜路	生物滞留带	m²	2405
	植被浅沟	m²	688
	下沉式树带	m²	1500
	透水铺装	m²	4379
	雨水口封闭改造	个	44
	雨水豁口改造	处	88
	新建溢流口	个	20
丰喜路至丰庆路	生物滞留带	m²	3492
	植被浅沟	m²	688
	下沉式树带	m²	2000
	透水铺装	m²	5321
	雨水口封闭改造	个	48
	雨水豁口改造	处	96
	新建溢流口	个	24

技术方案与流程二：

将机动车道和非机动车道之间的机非分隔带改造为下沉式生物滞留带，其中断面缩窄处改造为植被浅沟，机动车道和非机动车道路缘石沿雨水口处及两雨水口之间开豁口，将道路和机动车道与非机动车道雨水导入生物滞留设施和植被浅沟，利用生物滞留带进行雨水的调蓄、净化和下渗，生物滞留带内接近雨水口处设置溢流口，并通过连接管与雨水口或雨水井衔接。生物滞留带底部设置集水盲管，将下渗雨水收集输送至溢流口，与超出生物滞留设施容纳能力的雨水经多级溢流口排入市政雨水管线，最终排入三里河；豁口后设置雨水弃流孔，通过闸板进行控制，每年 11 月份开启，含融雪盐的雨水、雪水经弃流孔接入市政污水管线，于每年五月份关闭弃流孔，雨水经豁口进入生物滞留设施。

人行步道进行透水铺装改造，坡向调整为以 1.5% 的边坡比坡向道路一侧，同时考虑防冻融设计，树带进行下凹改造，收集非机动车道和人行步道雨水径流。树带靠近非机动车道一侧预留溢流口，超出下沉式树带储存能力的雨水溢流，进入生物滞留带，超量雨水由滞留带内溢流口排放至雨水管线（图 2.2.23、表 2.2.3）。

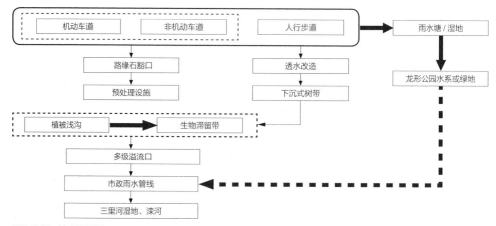

图 2.2.23　技术流程图二

表 2.2.3　设计方案二工程量

序号	路段	项目	单位	数量
1	燕山路至丰喜路	生物滞留带	㎡	2405
2		植被浅沟	㎡	688
3		下沉式树带	㎡	1500
4		透水铺装	㎡	4379
5		雨水口封闭改造	个	44
6		雨水豁口改造	处	88
7		新建溢流口	个	20
8	丰喜路至丰庆路	生物滞留带	㎡	3492
9		植被浅沟	㎡	688
10		下沉式树带	㎡	2000
11		透水铺装	㎡	5321
12		雨水口封闭改造	个	48
13		雨水豁口改造	处	96
14		新建溢流口	个	24
15	龙形公园	大排水改造	处	1

　　于惠隆路与燕山路交叉口处对岸，通过竖向改造将惠隆路超标雨水径流疏导至龙形公园，利用接入点处龙形公园绿地设置雨水塘和湿地净化系统，之后排入龙形公园水系进行调蓄控制，龙形公园内新增雨水多级溢流口，待管道输送能力恢复后将调蓄的部分雨水重新接入雨水管线，最终排入三里河。龙形公园内雨水净化设施、水系调蓄改造、溢流口等设施建议由公园改造项目统一考虑，不列入此次工程费用。

（2）"海绵+"道路典型断面

将机非分隔带改造为下沉式生物滞留带，路缘石于雨水口处开豁口，将道路和机动车道与非机动车道雨水截入，利用生物滞留带进行雨水的调蓄、净化和下渗，生物滞留带内设置溢流口，并通过连接管与现状雨水口或雨水井衔接。

人行步道进行透水铺装改造，坡向调整为以 1.5% 的边坡比坡向道路一侧，树带进行下凹改造，收集非机动车道和人行步道雨水径流，树带靠近非机动车道一侧预留溢流口，超出下沉式树带储存能力的雨水溢流，进入生物滞留带，超量雨水由滞留带内溢流口排放至雨水管线（图 2.2.24）。

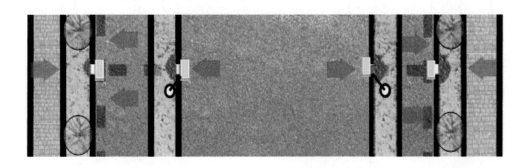

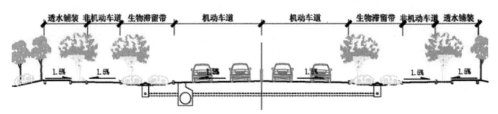

图 2.2.24　海绵化道路典型断面

将机非分隔带改造为下沉式生物滞留带，路缘石于雨水口处开豁口，将道路和机动车道与非机动车道雨水截入，利用生物滞留带进行雨水的调蓄、净化和下渗，生物滞留带内设置溢流口，并通过连接管与现状雨水口或雨水井衔接。

人行步道进行透水铺装改造，坡向调整为以 1.5% 的边坡比坡向道路一侧，树带进行下凹改造，收集非机动车道和人行步道雨水径流，树带靠近非机动车道一侧预留溢流口，超出下沉式树带储存能力的雨水溢流，进入生物滞留带，超量雨水由滞留带内溢流口排放至雨水管线。

（3）"*海绵 +*"道路典型节点设计——透水铺装

人行步道进行透水铺装改造，坡向调整为以 1.5% 的边坡比坡向道路一侧，同时考虑防冻融设计，将孤立的树池进行 4 株一组连通，树与树之间进行下凹，收集非机动车道和人行步道雨水径流。树带靠近非机动车道一侧预留溢流口，超出下沉式树带储存能力的雨水溢流，进入生物滞留带，超量雨水由滞留带内溢流口排放至雨水管线（图 2.2.25）。

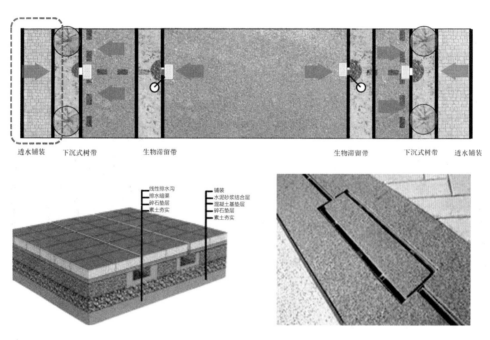

图 2.2.25　透水铺装

由于砂土、灰尘、油污等在透水铺装表面堆积，渗透的雨水同时过滤了空气中的灰尘、道路上的异物等，长时间的沉积，容易导致孔隙堵塞，降低透水率，因此，对透水铺装的应用要考虑透水率的衰减，并采取相应的养护措施，主要是定期或不定期对地面进行高压冲洗，将阻塞孔隙的颗粒冲走，恢复透水率。

（4）"*海绵 +*"道路典型节点设计——下沉式树带

树带下凹改造，收集非机动车道和人行步道雨水径流，树带靠近非机动车道一侧预留溢流口，超出下沉式树带储存能力的雨水溢流，进入生物滞留带，超量雨水由滞留带内溢流口排放至雨水管线（图 2.2.26）。

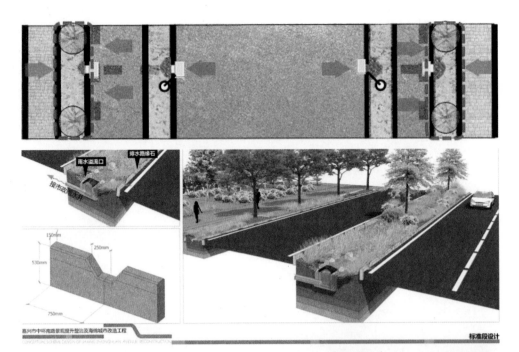

图 2.2.26　下沉式树带

（5）"海绵 +"道路典型节点设计——排水通道

本工程于惠隆路与燕山路交叉口处对岸，通过人行步道下卧改造将惠隆路和燕山大街超标雨水径流疏导至龙形公园，利用接入点处龙形公园绿地设置雨水塘和湿地净化系统，之后排入龙形公园水系进行调蓄控制，龙形公园内新增雨水多级溢流口，将调蓄的部分雨水待管道输送能力恢复后重新接入雨水管线，最终排入三里河。

（6）"海绵 +"道路典型节点设计——雨水花园

雨水花园是通过土壤的过滤和植物的根部吸附、吸收以及微生物系统等作用去除雨水径流中污染物的人工设施。本方案中设计的雨水花园主要对屋面雨水周边道路和其他硬质铺装区域雨水径流进行截流、滞蓄、净化和下渗。其中，屋面径流雨水通过雨落管断接接入雨水花园，道路径流雨水可通过路缘石豁口进入（图 2.2.27）。

雨水花园内设置溢流井，井口溢流高程低于汇水面 100 mm。雨水花园结构层外侧及底部应设置透水土工布，防止周围原土侵入。如距离建筑过近，雨水下渗可能会引起周围建（构）

图 2.2.27　雨水花园

筑物塌陷，可在雨水花园底部和周边设置防渗膜，通过集水盲管和溢流口将截流雨水净化后接入市政雨水管线，实现雨水净化、滞蓄及错峰作用。该类型雨水花园可通过换土提高雨水下渗速率和雨水花园的雨水控制能力，为防止换土层介质流失，换土层底部一般设置透水土工布隔离层，也可采用厚度不小于 100mm 的砂层（细砂和粗砂）代替。砾石层起排水作用，厚度一般为 250~300mm，可在其底部埋置管径为 100~150mm 的穿孔排水管，砾石应洗净且粒径不小于穿孔管的开孔孔径。为提高生物滞留设施的调蓄作用，在穿孔管底部可增设一定厚度的砾石调蓄层。

（7）"海绵+"道路典型节点设计——雨水湿地

雨水塘是受纳、滞留和调蓄来自服务汇水面雨水径流的雨水生态措施，调蓄的径流通过排放或下渗和蒸发作用释放调蓄空间，径流滞留期间通过沉淀和植物吸收作用去除径流中的悬浮固体（SS）、化学需氧量（COD）、氮（N）、磷（P）等污染物。具有如下功能和优点：控制峰流量，降低区域洪涝风险；减小雨水径流对下游设施的负荷冲击；净化雨水径流，去除径流中 SS、N、P 和 COD 等污染物；低维护、可实施性强；营造良好生态环境。

本工程于惠隆路与燕山路交叉口处对岸，通过竖向改造将惠隆路超标雨水径流疏导至龙形公园，利用接入点处龙形公园绿地设置雨水塘和湿地净化系统，之后排入龙形公园水系进行调蓄控制，龙形公园内新增雨水多级溢流口，将调蓄的部分雨水待管道输送能力恢复后重新接入雨水管线，最终排入三里河。龙形公园内雨水净化设施、水系调蓄改造、溢流口等设施建议由公园改造项目统一考虑（图 2.2.28、图 2.2.29）。

（8）道路海绵模拟分析

本方案拟采用美国环保署（EPA）开发的暴雨管理模型（Storm Water Management

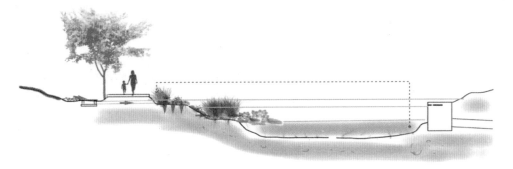

图 2.2.28 道路海绵典型节点设计——雨水湿地

图 2.2.29 雨水湿地植物设计

Model，简称 SWMM）进行评估分析，SWMM 能够对研究区域内的产流、汇流、排水管网系统的水量和水质的变化规律进行模拟分析，是目前被广泛应用于城市雨水系统水量、水质模拟的管理模型。模型不仅可以对单个降雨事件进行模拟，也可以对连续的降雨事件进行模拟。

　　SWMM 将研究区概化为子汇水区、集水节点、排水管线三种类型。模型主要包括地表径流过程模拟、径流水质模拟以及排水管网传输过程模拟。地表径流过程模拟主要是描述降雨事件发生后，子汇水区地表扣除洼地蓄水、蒸发和入渗等径流损失，生成地表径流的过程，主要包括输入降雨过程、径流损失的计算、净雨量计算和地表汇流过程；径流水质模拟主要是描述各种污染物在晴天时地表的累计过程和降雨时的污染物冲刷过程；排水管网传输过程模拟主要是描述雨水汇流后由排水管网输送到受纳水体的过程，其核心部分是管网的汇流计算即管道中水流由上游向下游运动的演算过程，并从中确定系统各节点和管道的流量、水深、流速和水质等状态信息。

　　本工程采用 SWMM 对惠隆路的雨水低影响设施的生态排水系统进行模拟，确定道路典型路段的模型平面（图 2.2.30、图 2.2.31），模型中生物滞留带、下沉式树带由具有下渗功能的蓄水单元（Storage Unit）表达，透水铺装由 LID 模块透水铺装（porous pavement）表达，降雨雨型选用芝加哥模型，降雨历时为 2h，其余参数依据迁安市暴雨强度公式。

本方案在 1 年一遇的设计降雨情景下（大于设计降雨量 29.2mm），道路出流量较小，几乎无雨水径流直接外排，可达到径流总量控制率目标要求。

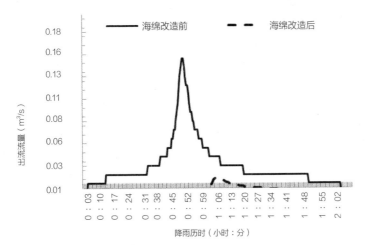

图 2.2.30　海绵改造前后雨水径流

图 2.2.31　生态排水系统模拟

2.3 "海绵 +"城市绿地空间设计

2.3.1 城市绿地空间"海绵 +"设计理论

1. "海绵 +"城市绿地空间的规划设计理念

海绵化城市绿地空间的规划设计理念是指在城市建设过程中，对包括居住区、道路、公园广场和建筑物等设施在内的建设，融入海绵城市的概念，增加相关海绵城市设施，缓解城市缺水、内涝等问题。

近些年来，城市内涝的现象日益明显，已成为亟待解决的问题。在现有条件下，改造地下管道、通过城市管网将雨水收集排放的解决措施在大多已建成的城市中难以适用，因此，引入海绵城市设计理念，改造道路、广场等铺装的透水性，建设下沉式绿地，增加屋顶绿化，增加雨水下渗、储蓄的能力，能够有效解决城市积水问题。

同时，增加地面雨水导流储蓄的设施，以开放式雨水排水系统代替地下管网，将雨水汇集至居住区、公园等地的雨水收集设施中，使之成为城市景观用水的重要来源，结合设施形成居民随处可见的城市水景观。雨水与城市绿地系统结合，形成流动的水体景观，增加居民对雨水的了解与应用，使得城市更具灵动与活力。

因地制宜的设置海绵设施，体现了可持续的城市建设理念。通过建设海绵设施，有效降低城市的内涝风险，缓解城市水资源旱季无水可用、雨季洪涝严重的问题，实现可持续的水资源的循环利用，能够有效控制径流污染。

2. "海绵 +"理念在城市绿地空间设计中的应用

"渗、蓄、滞、净、用、排"六大要素可在绿地空间中多样化使用，实施雨水径流组织和利用系统，实现可持续的海绵城市建设。

渗：加强城市路面的自然渗透能力，可以减少地表径流，净化水质，补充地下水，涵养地下水源。通过改变各种地面铺装材料，改造屋顶绿化，调整绿地竖向，从源头将雨水留下来，然后"渗"下去。

蓄：设置有储蓄功能的海绵设施，把雨水留下来，以达到调蓄和错峰。要尊重自然的地形，使降雨得到自然散落。

滞：缓解短时间内形成的雨水径流量。疏通微地形，设置雨水导流设施，让雨水慢慢地汇集至雨水收集区域。通过"滞"，可以延缓形成径流的高峰。具体雨水滞留的形式有四种：雨水花园、生态滞留池、渗透池、人工湿地。

净：土壤、植被等都能对水质产生净化作用，不同的区域环境应设置不同的净化体系，根据城市现状可将区域环境大体分为三类：居住区雨水收集净化、工业区雨水收集净化、市政公共区域雨水收集净化。根据三种区域环境可设置不同的雨水净化环节，而现阶段较为熟悉的净化过程分为三个环节：土壤渗滤净化、人工湿地净化、生物处理。同时，收集的雨水经过净化处理可以回用到城市建设中。

用：经过土壤渗滤净化、人工湿地净化、生物处理多层净化之后的雨水要尽可能被利用，不管是丰水地区还是缺水地区，都应该加强对雨水资源的利用，这样可以缓解洪涝灾害。收集的水资源的利用方法很多，如将停车场上面的雨水收集净化后用于洗车等。

排：剩余的雨水也可结合竖向变化与工程设施排入城市天然水系中，以实现超标雨水的排放，避免城市内涝等灾害。

通过一系列海绵设施的引入，坚持生态优先的设计理念，创造人性化和生态化空间，最大程度地解决城市缺水与内涝的问题。

2.3.2 应用案例

1. 北京市昌平区未来科技城核心区环形水系景观概念规划

1）项目概况

项目设计开始时间：2017年1月。

项目特点：在核心绿地有限的空间内，实现高效率雨水利用及水质保障。通过场地内环形水系与景观、建筑整合设计，充分体现未来科学城共生之城的可持续发展理念，实现城市公共空间、城市文脉、城市景观的整合和联系。

未来科技城位于北京市昌平区，规划总面积约为10km^2，环形水系所在核心区绿地占地面积约30km^2。北距北六环2km，东至首都国际机场15km，南距中心城区24km，位置优越，交通便利；温榆河穿城而过，整体绿化面积超过50%，生态良好，环境优美（图2.3.1）。

昌平区属温带大陆性季风气候，多年平均降雨量595mm；降雨年际变化大，年内分布不均匀，汛期6~9月降水量约占全年的80%。项目场地跨越南区一路、定泗路、鲁疃西路，被道路分隔为E、D、C、B、A五个区域。场地地形总体较缓，南部略高于北部。

E区总体下沉，采用规划标高，地面标高25.1~25.4m；D区采用现状标高，地面标高30.4~30.6m；C区采用现状标高，地面标高30.2~30.6m；B区采用规划标高，地面标高27.0~31.2m；A区采用公园入口规划标高，地面标高28.0~32.5m。

E 区共发现 4 层地下水，其中潜水与第 1 层层间水为主要影响因素；潜水静止水位标高为 25.94~27.93m；第 1 层层间水静止水位标高为 22.29~25.28m；地下水主要接受上层潜水的越流补给和侧向补给。未来科学城南侧有再生水厂可为水环提供稳定水源，出水水质除总氮（TN）外达到地表 IV 类水指标。水环西北角为未来科学城滨水公园，中心湖常水位 27m，水环可将水就近退到中心湖内。

图 2.3.1　未来科技城区位

2）设计理念

未来科技城主要以"创新、开放、低碳、人本、共生"五大核心理念为出发点，本着城市空间形态可持续发展的原则，综合考虑城市功能结构、景观与公共空间、城市交通结构、慢行系统、建筑、能源、水、垃圾等要素，打造未来科学城核心区域独特特点和氛围的城市公共空间，并且将通过未来科学城环形水系的设计体现和加强多样的城市功能。在充分尊重场地肌理、生态资源有效整合的基础上，实现水系的自然连通以及对场地径流雨水的消纳、净化，充分保障水系循环、自净、存化的生态系统，同时通过水系空间布局、生态功能、景观融合的设计，充分体现共生城市可持续化设计的实践理念。

3）设计原则

项目设计主要以水系形态设计为出发点，建立场地生态格局，再进行景观步道、水系驳岸以及桥体的设计连接，实现场地生态景观的良好契合（图 2.3.2）。

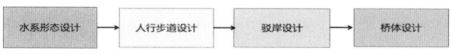

图 2.3.2　设计原则流程

（1）水系形态设计

水系是整个景观系统中最主要的吸引力，需要打造多样化的小体形态来丰富视觉效果。有时平静，有时湍急跳跃，增加流水的音效。在中间地带，水道会较窄，有时在岛屿处较宽，呈三角洲状。

（2）人行步道设计

人行步道可以是混凝土质地。在河道两侧至少有宽10m的步道区域供人散步、骑行和停留。在植被更密集的区域，步道可以与绿色元素相结合，消除人工与自然的边界。在不同的空间中，混凝土可以被其他材料如花岗岩和塑胶融合和取代。塑胶可以用在某些用于户外运动和健身功能的驻留点，花岗岩可以用于下沉广场等城市节点部分。

（3）驳岸设计

驳岸——陆地和水系的交界，必须被视为重要的设计元素，它可以以各种形式出现，这取决于不同的环境元素。驳岸可以是垂直的石质，也可倾斜，或平坦并覆盖植被。高差可以做成阶梯状，对于在水边行走、停留和坐立都非常有用。生态驳岸把滨水区植被与堤内植被连成一体，构成一个完整的河流生态系统。

（4）桥体设计

为了更容易地穿过水面，环形水系上将建设若干小型桥梁。桥梁材料可采用混凝土、耐候钢或玻璃。在北侧湖景（A区）与森林景观（B区）之间，道路和周边景观的高差使得河道和人行道可以从高架桥下的通道穿过。生态廊道桥梁也可以起到相同的作用，使穿行森林景观（B区）和公园与花园景观（C区）之间的宽阔道路更容易。

4）总体设计

在环形水系沿线与内部，设计了诸多功能节点与景观细节，如水台阶、下沉广场、岛屿、生态桥梁、微地形、喷泉等，以及多样化的海绵城市设施。

（1）水循环设计

区域地势特点：整体呈现南高北低的趋势，自然降雨从南侧流向温榆河方向，区域雨水最终通过温榆河排走。

片区地势特点：局部地形A区、D区地势较高，B区、E区地势较低，水环呈现西北东南地势较高、东北西南地势较低的特点。水环流向选择时以自然水体重力作为水环流动的主要动能，根据现状场地地形，寻找场地内高点作为水环循环的起点。

　　根据场地地形，D、C、B 区建设为整体逆时针循环；A 区因城市客厅的平面已定成南高北低，为防止 A 区南部形成 2~3m 高差的现象，水环在 A 区顺时针自循环。因水体流速较缓且 A 区与 D、C、B 循环在鲁疃西路北桥下成明渠相连，故 D、C、B、A 在人体感官上为整体大循环。充分考虑防洪排涝安全，E 区与水环其他部分没有连通，杜绝雨季水环水体倒灌，为自身独立小循环（图 2.3.3）。

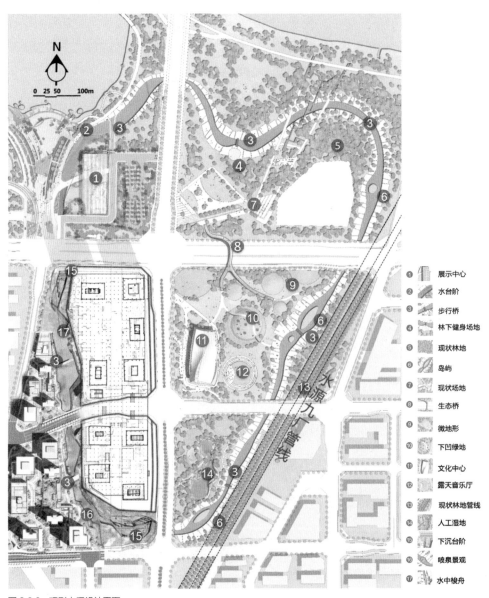

①　展示中心
②　水台阶
③　步行桥
④　林下健身场地
⑤　现状林地
⑥　岛屿
⑦　现状场地
⑧　生态桥
⑨　微地形
⑩　下凹绿地
⑪　文化中心
⑫　露天音乐厅
⑬　现状林地管线
⑭　人工湿地
⑮　下沉台阶
⑯　喷泉景观
⑰　水中梭舟

图 2.3.3　环形水系设计平面

（2）水环连通方式设计

水环被道路阻隔，需考虑水水联通设计：水环东侧通过南区一路及定泗路时采用倒虹吸的过路方式，鲁疃西路处水环联通采用明渠的连接方式，考虑到 E 区的补水，从鲁疃西路下设置一路钢管，为 E 区补充水源（图 2.3.4）。

（3）水环纵断设计

出于安全考虑，设置 D 区安全超高为 0.4m；根据水损计算，规划 C 区平均渠底标高28.9m，水面标高 29.7m；根据水损计算，规划 B 区渠底标高 28.5m，水面标高 29.4m；为保证水流顺利、水质得到保障，渠底设置 0.1/1000 坡降；为保障 E 区水安全，设立水环安全超高 0.5m（图 2.3.5）。

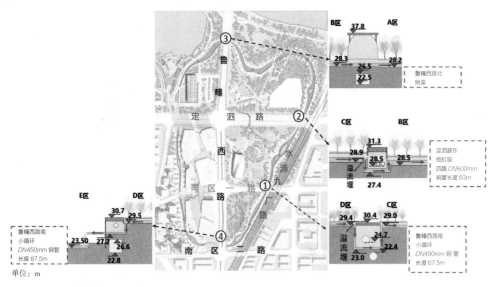

图 2.3.4　水环连通方式设计

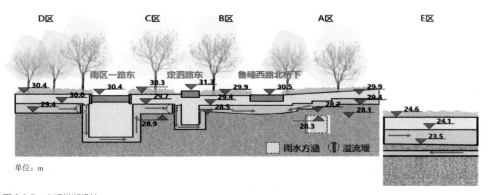

图 2.3.5　水环纵断设计

（4）水环补水设计

水环补水量主要考虑蒸发、渗透及场地内绿地浇灌水量。应当用充足的清洁水源补充，满足水环水质要求（表2.3.1、表2.3.2）。

表2.3.1 蒸发渗透水量

区域	水环设计常水位水面面积（m²）	单位面积最大蒸发渗漏量（mm/d）	最大蒸发渗漏量（m³/d）	蒸发渗滤补水量（m³/d）
D区、C区 B区、A区	31 372	7.67	240.6	295.7
E区	7190	7.67	55	

注：最大蒸发量按北京市昌平区多年平均最大蒸发量核计，渗漏量按防渗处理后估算。

表2.3.2 绿地浇灌水量

区域	灌溉用水定额[L/（m²·d）]	浇洒面积（m²）	浇洒用水量（m³/d）	浇洒补水量（m³/d）
D区、C区 B区、A区	2	266 332	532.7	584.3
E区	2	25 810	51.6	

注：小区绿化浇洒用水定额1~3L/（m²·d），道路广场浇洒用水定额2~3L/（m²·d），场地内未来以生态绿地为主，浇洒用水定额取为2L/（m²·d）。

（5）水环水质保障设计

水环水质保障设计的主要工作为确定水质保障措施工程量及工程区位布置（表2.3.3、图2.3.6）。

表2.3.3 水质保障措施工程量

序号	措施名称	数量（规格）	布设位置
1	垂直流湿地	0.3km²	D区
2	表流湿地	0.9km²	D区
3	林间湿地	2km²	B区
4	水生植物净化工程	0.7km²	各区
5	组织机制改良表面流人工湿地	0.5km²	B区、C区
6	微生物菌剂投药箱	2处	C区、E区
7	生物圆顶曝气	5处	B区、C区
8	太阳能推流曝气	10处	各区

图2.3.6 水质保障工程区位

5）雨洪管理

（1）雨洪管理设计思路

常水位以上部分空间作为海绵城市的调蓄库容，滞纳雨水海绵城市蓄滞库容最高水位作为防治内涝的起排水位，起排水位至堤岸的库容作为50年一遇内涝蓄滞库容。

① 海绵城市（中雨、小雨）设计思路:

控制目标: 根据每个区域均可独立达到 80mm 降雨量不外排的标准，制定海绵城市蓄滞库容（图 2.3.7、图 2.3.8）。

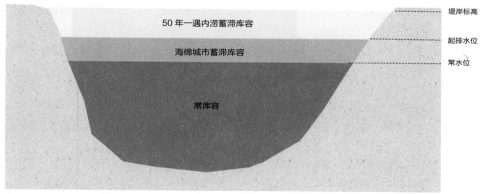

图 2.3.7　海绵城市蓄滞库容示意

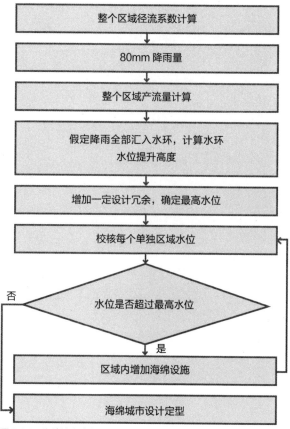

图 2.3.8　海绵城市（中雨、小雨）设计思路

② 内涝防治（大雨、暴雨）设计思路：

E 区：独立排水，通过泵站排至滨水公园主湖。

D、C、B、A 区：D 区雨水通过倒虹吸排至 C 区，C 区雨水及上游来水通过倒虹吸排至 B 区，B 区及 A 区雨水通过设置在鲁疃西路桥下强排泵站排至老河湾滨水公园（图 2.3.9~图 2.3.11）。

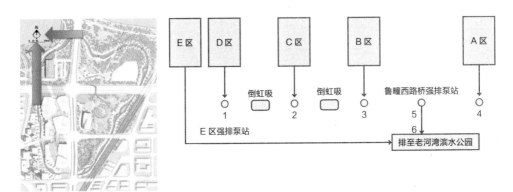

图 2.3.9　内涝防治（大雨、暴雨）设计思路（E 区为例）

图 2.3.10　雨水内涝排水概化示意

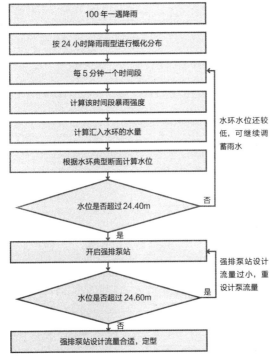

图 2.3.11　内涝防治（大雨、暴雨）设计思路

（2）雨洪管理设计结论

① 海绵城市部分：通过对各区块绿地海绵措施的布设，实现场地内雨水的有序组织和调蓄，同时结合水环海绵体的调蓄能力计算，以及对外部雨水的有效调控，实现水环公共绿地内年径流总量控制率大于或等于 0.97，雨水利用设计降雨量 80mm 不外排，D、C、B、A 区域内 50 年一遇降雨不内涝，E 区 100 年一遇降雨不内涝。设计参数见表 2.3.4。

表 2.3.4　海绵城市部分设计参数

E 区设计结论	
1	80mm 降雨径流总量 $V=10\psi HF=10\times0.79\times80\times3.3=2085.60m^3$
2	全部降雨汇入水环后对应调蓄水深 $h=V/F-$ 水环水面 $=2085.6/7190=0.29m$
3	考虑一定的设计冗余，E 区小循环调蓄水深为 $h=0.30m$
4	E 区水环设计常水位为 24.10m，岸边标高 24.60m，设计调蓄水位 24.40m，E 区靠水环可满足 80mm 降雨量不外排要求
D 区设计结论	
1	80mm 降雨径流总量 $V_D=10\psi HF=10\times0.45\times80\times5.39=1940.40m^3$
2	复核调蓄水深 $h=0.25m$
3	80mm 降雨水环调蓄容量为 $V_1=h\times F_{D水环}=0.25\times3720=930m^3$
4	80mm 降雨表流湿地调蓄容量为 $V_2=h\times F_湿=0.25\times9000=2250m^3$
5	D 区因表流湿地的设计，靠水环及表流净化湿地可满足海绵城市设计标准
C 区设计结论	
1	80mm 降雨径流总量 $V_C=10\psi HF=10\times0.38\times80\times8.89=2702.56m^3$
2	复核调蓄水深 $h=0.25m$
3	80mm 降雨水环调蓄容量为 $V_1=h\times F_{C区水环}=0.25\times6432=1608m^3$，$V_C>V_1$，因此需在 C 区增加海绵措施
4	C 区需要增加约 3050m² 海绵设施
A+B 区设计结论	
1	80mm 降雨径流总量 $V_B=10\psi HF=10\times0.44\times80\times9.89=3481.28m^3$
2	复核调蓄水深 $h=0.25m$
3	80mm 降雨水环调蓄容量 $V_1=h\times F_{B区水环}=0.25\times14000=3500m^3$
4	$V_1>V_B$，B 区靠水环可满足 80mm 降雨量不外排要求
5	80mm 降雨径流总量 $V_A=10\psi HF=10\times0.42\times80\times3.41=1145.76m^3$
6	全部降雨汇入水环后对应调蓄水深 $h=V/F_{水环水面}=1145.76/4941=0.23m$
7	考虑一定的设计冗余，E 区小循环调蓄水深为 $h=0.25m$
8	A 区水环设计常水位为 29.40m，岸边标高 29.9m，设计调蓄水位 24.65m，A 区靠水环可满足 80mm 降雨不外排要求

注：H—设计降雨量（mm）；ψ—综合雨量径流系数；F—汇水面积（hm²）。

② 内涝防治部分，设计参数见表 2.3.5。

表 2.3.5　内涝防止部分设计参数

E 区设计结论	
1	设计目标：100 一遇降雨不内涝
2	强排泵最小外排能力为 600L/s
3	水环常水位为 24.10m
4	水环强排泵起排水位为 24.40m
6	水环堤岸标高为 24.60m
7	100 一遇降雨水环最高水位为 24.59m
D 区设计结论	
1	设计目标：50 年一遇降雨不内涝
2	D 区雨洪通过倒虹吸管道通向 C 区，倒虹吸管设置 2 路管道，每路管道过流能力为 400L/s，一共过流能力为 800L/s
3	水环常水位为 30.00m
4	水环起排水位为 30.25m
5	水环堤岸标高为 30.50m
6	50 年一遇降雨水环最高水位为 30.30m
7	50 年一遇降雨水环最高水位低于水环堤岸标高，不会产生内涝
C 区设计结论	
1	设计目标：50 年一遇降雨不内涝
2	C 区雨洪通过倒虹吸管道通向 B 区，倒虹吸管设置 4 路管道，每路管道过流能力为 400L/s，一共过流能力为 1600L/s
3	水环常水位为 29.70m
4	水环起排水位为 29.95m
5	水环堤岸标高为 30.20m
6	50 年一遇降雨水环最高水位为 30.09m
7	50 年一遇降雨水环最高水位低于水环堤岸标高，不会产生内涝
A+B 区设计结论	
1	设计目标：50 年一遇降雨不内涝
2	A 区与 B 区水环通过明渠相连，因此可一同考虑
3	强排泵最小外排能力为 2500L/s
4	水环常水位为 29.40m
5	根据海绵城市调蓄要求，水环强排泵起排水位为 29.65m，详细计算数据见地块海绵城市设计具体内容
6	水环堤岸标高为 29.90m
7	50 年一遇降雨水环最高水位为 29.86m
8	50 年一遇降雨水环最高水位低于水环堤岸标高，不会产生内涝

2. 河北省固安县迎宾大道街角北公园景观工程设计

1) 项目概况

固安迎宾公园设计于 2015 年，位于河北省固安县，占地约 13.1 万平方米。固安县地处京津保三角地带中心，具有明显的区位优势，京开公路和京九铁路纵贯南北，省道廊涿公路横贯东西，与境内县道、乡道连接成网。向东 30km 接京津塘高速公路、京沪铁路，向西 15km 达京石高速公路、京广铁路，交通条件便利，形成一个四通八达的区域交通网络。

迎宾公园周边商业用地相对分散，缺少联系，周边多处居住用地对公园的交通性及功能性提出更多要求；新源街为商业办公集中路段，增加迎宾公园使用人群流量；远期规划中的小学将对公园提出多年龄段使用功能要求。

公园用地被新源街等城市次干道穿越分隔；周边商业、居住地块间缺少快捷联系，周边交通对公园的景观视线需求，作为县城西入口门户景观的标志性特色。

场地地势平坦缺乏高差变化，景观层次单一；现状多处长势良好的杨树应予以保留；周边现状为自然场地，远期建设后存在一定的雨洪问题。

2) 设计构思

本设计紧扣周边用地功能，意在形成互动界面，联络、组织区域慢行交通流线，联系城市功能、展示城市面貌、秉持自然生态原则，建设集游憩观赏、运动健身、儿童活动等丰富功能于一体的城市休闲花园。同时融入海绵城市理念，建设区域性的整体 LID 项目，改排为蓄，蓄滞与利用相结合，与水景营造、植物景观营造、慢行交通系统相结合，将单一目标转变为综合目标，致力诠释"生态固安"的城市品牌（图 2.3.12~ 图 2.3.17）。

3) 设计策略

（1）增强城市联系，高效便捷的交通网络

① 景观廊道：连接南北园区。

② 休闲漫步带：联系周边商业办公区域。

③ 快捷步行线：功能复合、空间开放的边界。

④ 内部环线：组织串联各项活动。

（2）提升社区活力，丰富多样的功能单元。

① 为全年龄段各类人群提供相应活动区域。

② 动静分区、快慢分区减少互相干扰。

③ 通过交通、景观视线等加强区域联系。

（3）营建生态绿核：绿色集约的雨水管理

① 区域性的整体 LID 设计。

② 配置乡土树种及野花野草组合。

③ 可持续理念降低后期维护成本。

（4）平衡建设投资：多维低密的运营策略。

① 局部场地及设施租赁运营。

② 提供快捷零售商业空间。

③ 作为出行目的地带动沿线业态。

1 公园主入口
2 樱花大道
3 中心水景
4 青少年活动场地
5 儿童游戏场地
6 彩叶漫步道
7 公园次入口
8 管理用房/公厕
9 林下游憩区
10 树阵花园
11 街角广场
12 极限运动场地
13 观演看台
14 微地形绿地
15 活动广场
16 中央广场
17 健身活动场地
18 塑胶跑道
19 旱溪花境
20 林下活动广场

图 2.3.12 设计总平面

图 2.3.13　总体鸟瞰

图例

▬▬　低势绿地
➜　雨水径流线
⇢　雨水径流线
▰▰　旱溪花境

图 2.3.14　雨水管理设计

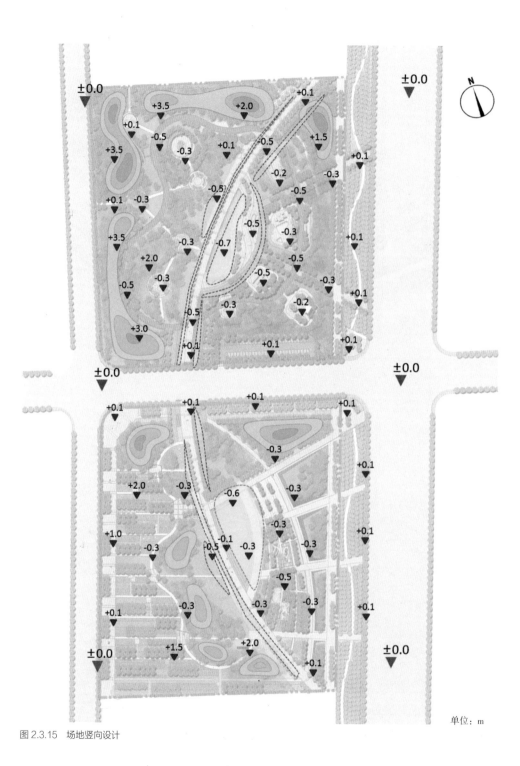

图 2.3.15　场地竖向设计

单位：m

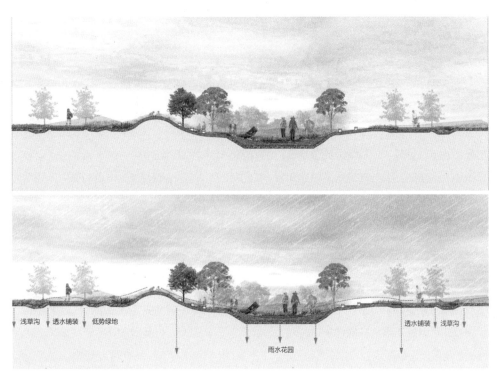

浅草沟　　透水铺装　　低势绿地　　　　　　　　　雨水花园　　　　　　透水铺装　　浅草沟

图 2.3.16　雨水管理剖面

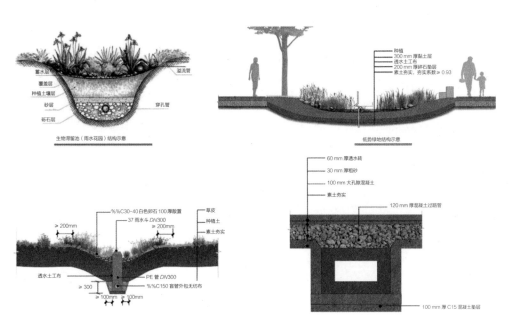

图 2.3.17　相关海绵设施结构示意

4）具体海绵城市建设技术措施详述

（1）LID 低影响设计设施的应用

为了最大限度收集、过滤场地内的雨水，通过如下 LID 措施来实现：a. 生物滞留池（雨水花园）：在场地和道路边缘设置生物滞留池，通过竖向设计引导雨水进入，在滞留池中对雨水进行净化过滤和下渗。b. 透水铺装：减少整个场地的硬质铺装量，场地与道路尽可能多地采用透水性铺装，增加地面的透水率，削减暴雨径流峰值。场地内对透水铺装的使用分为缝隙透水下垫面铺装与自透水下垫面铺装。c. 浅草沟：在环湖道路外侧设置浅草沟。雨水进入绿地边缘的浅草沟之后，过滤下渗，通过盲管汇集，补充湖水。d. 集水池：在部分绿地中设计一些小型集水池，美观简洁，用于植物灌溉，同时降低植物养护成本。

（2）场地独有的竖向设计定制

雨水管理与场地竖向设计充分结合，主要体现在以下几个层面：a. 延长径流路径、减缓径流速度，在设计中尽量采用缓坡，在坡度大的地方将单一坡度变为陡缓结合的坡度，通过这种方式可以延长雨水在绿地中的时间，增加雨水下渗量。b. 低势绿地，在竖向设计上，使绿地的高度低于硬质场地，引导雨水在绿地中下渗（北京曾进行草坪高度对入渗量影响的实验，表明若草坪低于道路，其渗入量是高于路面的 3~4 倍）。c. 变坡为坎，在高差处理中，结合条石，将陡坡变为坎坡，可收集雨水，并可减少土壤侵蚀的发生。

（3）植物景观营造

本设计充分发挥植物净化环境的功能，减少草坪面积，推崇疏林与野花野草的结构搭配。中心水景区域着重突出"小中见大"的效果，利用植物分割水面，增加层次，同时还创造活泼与宁静的景观。在水面内配置浮叶类植物，池边选用水生植物，柔化硬质驳岸。水边配上垂柳等乔木，起到线条构图作用，使水池既活泼又幽静。

（4）容量估算

将地块水文条件恢复至与当地气候环境相适应的自然灌草地貌一致的水文指标，设计暴雨径流为十年一遇的洪水无外排，其他径流雨水未列入统计，但项目建成后也将产生相应积极影响。

经计算，场地北区所需调蓄容量为 600m³，南区所需调蓄容量为 500m³。

5）综合效益

① 生态效益：固安迎宾公园的设计，通过源头处理，将雨水引入 LID 设施，合理控制地表径流，过滤和净化地表径流，补充地下水，实现雨水就地消纳，同时减轻市政管网排水压力（依

10 年一遇雨水标准计算），减少城市洪涝灾害发生的可能性。通过植物净化初期雨水，降低面源污染的影响；建立雨水花园，丰富景观风貌。项目建成后，有效消纳场地内 13hm^2 范围内的雨水。

② 社会效益：固安迎宾公园开放后，随着植被日益丰富，越来越受到人们的喜爱。固安迎宾公园具备丰富多样的功能单元，为全年龄段各类人群提供了相应的活动区域，尤其是运动健身场地，即便是工作日，各时段也保持着相对稳定的活动需求。迎宾公园的建设，不仅丰富了人们的休闲生活，还提升了人们的生活品质。

③ 经济效益：固安迎宾公园的经济效益主要体现在低维护、低投入的 LID 设施可有效节约市政基础设施的投资，降低了后期维护成本。同时，迎宾公园的建设也对周边的房地产价格有一定的影响。

3. 晋中市城区雅乐公园方案设计

1）项目概况

设计于 2016 年的雅乐公园位于山西省晋中市北部新城中部，是北部新城的主要公园绿地之一，是城市公园海绵建设的重要项目。公园总面积 8.7hm^2，东西长 420m，南北长 230m，东侧及北侧邻近城市主干道，西侧为城市次干道，南侧为四级景观路（图 2.3.18）。

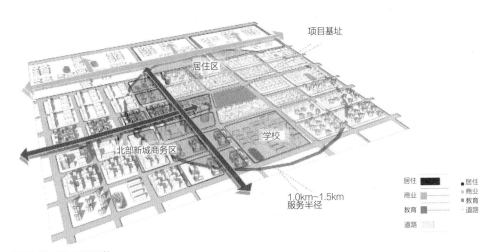

图 2.3.18　雅乐公园区位

公园周边用地性质以居住用地、教育科研用地及商业用地为主,其中在项目基址 1 ~ 1.5km 服务半径内,以居住用地面积最大,占 42.76%,商业用地及教育用地均占 14.05%,服务对象主要为附近居民、高校学生及商务人士,承载了综合性的服务功能。

晋中城市北拓发展,由南向北形成"古城文化—现代生活—生态科技"的人文生态发展脉络。北部新城以"现代生活"为区域特色,重视人与环境相融合的生态景观发展。雅乐公园作为新城中重要的公园绿地,加入新生态理念,以建设绿色循环、低维护的生态公园、年轻奔放的活力公园为目标,注重环境的可持续发展,凸显人与景观环境的空间氛围营造。

基址内整体地形较为平坦,街巷主道路为混凝土铺面,次路均为红砖铺地。

2)设计策略

(1)联系周边地块,构建海绵城市网络

雅乐公园海绵城市设计将临近一个街区用地(居住区、商业区、公园、道路等)纳入进来,建立社区尺度、多重用地性质的海绵系统,为解决更大面积的社区雨水生态涵养提供建设性构想(图 2.3.19)。

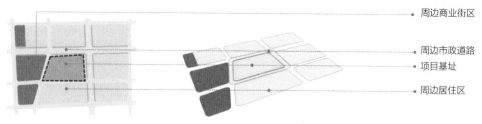

图 2.3.19　周边用地分析

周边商业街区

周边市政道路

项目基址

周边居住区

因此,公园需要解决社区范围内红线范围、市政道路及周边一个商业街区的径流量,即公园总调蓄容积。雅乐公园应实现 2682.1m³ 的调控量。

(2)设置海绵设施,设计高差,形成连续的雨水导流系统

公园内设置可渗透铺装、雨水花园、下凹绿地、生态滞留草沟等海绵城市设施,公园道路与广场使用透水性铺装,充分发挥公园对雨水的吸纳、蓄渗和缓释作用,优先利用自然排水系统,建设生态排水设施。

进行竖向设计,公园整体设计地形为四周高,中间低,同时适当降低公园主要道路沿线绿地沿道路侧的高程,形成连续的排水通道,雨水由外侧向内侧汇集,最终汇集至公园中心绿地。通过高差设计使得雨水自然下渗,多余雨水通过生态草沟逐渐向中心草坪区域过渡(图 2.3.20)。

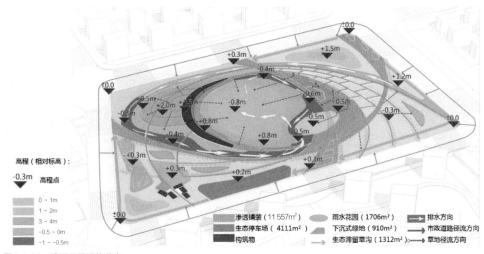

高程（相对标高）：

▼ -0.3m 高程点

0～1m
1～2m
3～4m
-0.5～0m
-1～-0.5m

渗透铺装（11 557m²）　雨水花园（1706m²）　→ 排水方向
生态停车场（4111m²）　下沉式绿地（910m²）　→ 市政道路径流方向
构筑物　　　　　　　　生态滞留草沟（1312m²）　→ 草地径流方向

图 2.3.20　雅乐公园设施分布

（3）海绵城市设施与景观结合，打造生态景观节点

将公园内节点与海绵设施相结合，形成具有海绵城市特色的生态景观节点。

雅之源入口设计采用阵列式银杏林色叶树，并设计了红砖艺术的景墙和压印艺术的混凝土铺装，色彩丰富。在主入口的两侧还设计了特色花卉种植及座椅休闲区，在形式上强调了入口的阵列感。设计还充分考虑广场与雨水花园的结合，在入口景墙的下方设计下凹式旱溪形成汇水区，使得广场排水得到合理的解决（图 2.3.21、图 2.3.22）。

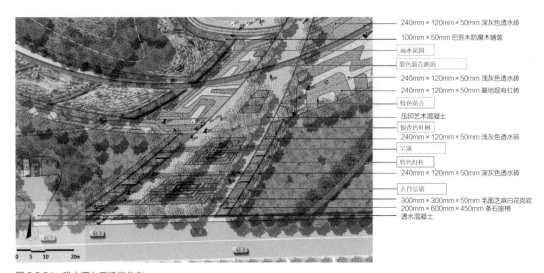

240mm×120mm×50mm 深灰色透水砖
100mm×50mm 巴劳木防腐木铺装
雨水花园
彩色沥青跑道
240mm×120mm×50mm 浅灰色透水砖
240mm×120mm×50mm 基地现有红砖
特色花卉
压印艺术混凝土
银杏色叶树
240mm×120mm×50mm 浅灰色透水砖
旱溪
特色灯柱
240mm×120mm×50mm 深灰色透水砖
入口景墙
300mm×300mm×50mm 毛面芝麻白花岗岩
200mm×600mm×450mm 条石座椅
透水混凝土

0 5 10   20m

图 2.3.21　雅之源入口设施分布

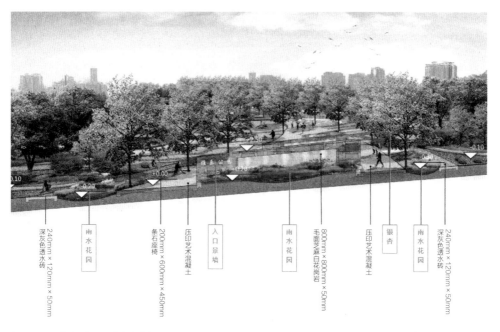

图 2.3.22 雅之源入口设施竖向分析

　　水之艺廊广场设计采用欢乐水道作为核心，将嵌有红砖的艺术铺装连贯应用于场地，使得广场舞、滑板、亲水体验、休憩、科普等活动都能开展开来，设计还充分考虑广场与雨水花园的结合，利用水广场靠近雨水花园的一端下凹形成汇水区，并与雨水花园连接起来，使得广场排水得到合理的解决（图 2.3.23~ 图 2.3.25）。

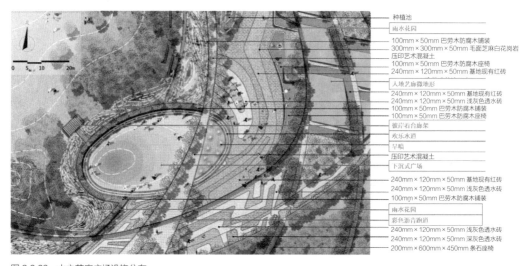

图 2.3.23 水之艺廊广场设施分布

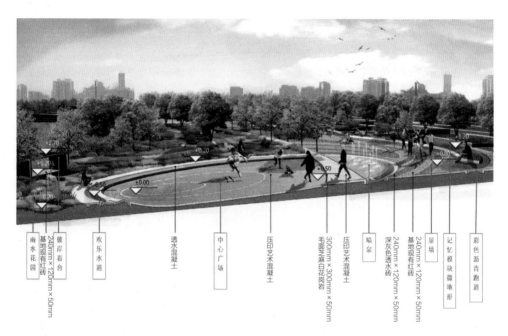

南水花园

基地现有红砖
240mm×120mm×50mm

陂岸看台

欢乐水道

透水混凝土

中心广场

压印艺术混凝土

毛面芝麻白花岗岩
300mm×300mm×50mm

压印艺术混凝土

喷泉

深灰色透水砖
120mm×120mm×50mm

基地现有红砖
240mm×120mm×50mm

景墙

记忆模块微地形

彩色沥青跑道

图 2.3.24　水之艺廊广场设施竖向分析

图 2.3.25　水之艺廊广场效果

　　意之源入口广场在平面设计中延续贯穿全园的优美流线形式；在铺装设计中，深灰及浅灰透水砖与红砖恰当搭配，实现色彩与流线和谐交融的同时，更使得红砖这一传统材料成为极具现代感的广场点睛之处。曲线形树池及座椅顺势而设，配以乔木花带草坪，营造宜人植物环境，曲线形座椅围合出的小空间中设置旱喷，供游人嬉戏，并作为景观中的亮点为整个广场增添灵动的生机（图 2.3.26、图 2.3.27）。

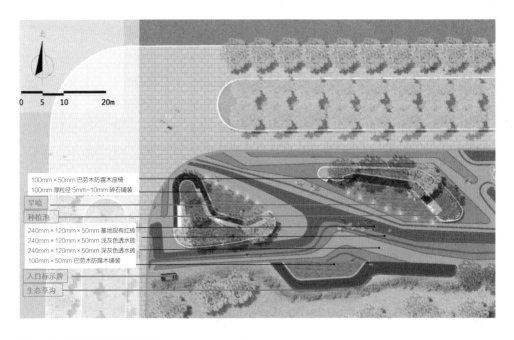

图 2.3.26　意之源入口广场设施分布

图 2.3.27　意之源入口广场效果

　　四方院景点设计高低、大小不一样的几何微地形来记忆基地原来的居住文化，将嵌有红砖的艺术地铺连贯应用于场地。设计还充分考虑微地形与居民活动的结合，把其中一两个不同面积的方形地块设计为老年人可以在林荫下活动下棋的广场，而旁边草坪又可以让一家人野餐与日光浴，充分丰富了场地景观的多样性（图2.3.28、图2.3.29）。

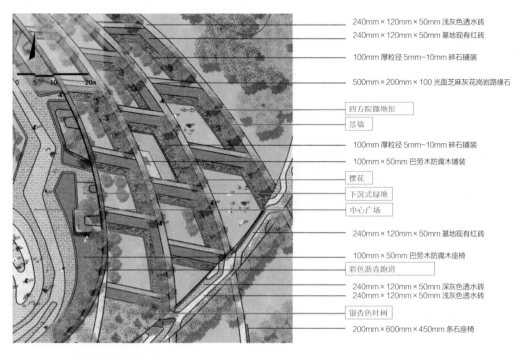

240mm×120mm×50mm 浅灰色透水砖
240mm×120mm×50mm 基地现有红砖
100mm 厚粒径 5mm~10mm 碎石铺装
500mm×200mm×100 光面芝麻灰花岗岩路缘石
四方院微地形
景墙
100mm 厚粒径 5mm~10mm 碎石铺装
100mm×50mm 巴劳木防腐木铺装
樱花
下沉式绿地
中心广场
240mm×120mm×50mm 基地现有红砖
100mm×50mm 巴劳木防腐木座椅
彩色沥青跑道
240mm×120mm×50mm 深灰色透水砖
240mm×120mm×50mm 浅灰色透水砖
银杏色叶树
200mm×600mm×450mm 条石座椅

图 2.3.28　四方院景点设施分布

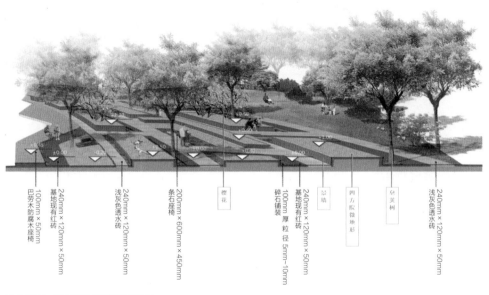

100mm×50mm 巴劳木防腐木座椅
240mm×120mm×50mm 基地现有红砖
240mm×120mm×50mm 浅灰色透水砖
200mm×600mm×450mm 条石座椅
樱花
100mm 厚粒径 5mm~10mm 碎石铺装
240mm×120mm×50mm 基地现有红砖
景墙
四方院微地形
皂荚树
240mm×120mm×50mm 浅灰色透水砖

图 2.3.29　四方院景点设施竖向分析

（4）设置科教设施，形成海绵城市宣教体系

在园内多处设置宣传牌、导视牌等宣教设施，同时开设网上宣传网站、App 等，在园内多处增加二维码，借助 App 共享平台，使游人能够更加清晰便捷地游、赏、玩等。建立雅乐公园后台支持，开放提供 App，包含智能跑道、展览、海绵城市知识问答、公园摄影大赛等功能，为智慧生活引路（图 2.3.30）。

图 2.3.30　雅乐公园宣教系统

（5）雨水花园

雨水花园主要以多年生的观赏草为主，展现一年四季不同色彩；搭配云杉和垂柳、彩叶的灌木、宿根的菖蒲、鸢尾、美人蕉等，在低洼处与大小石块搭配组成枯水季节景观。在小溪的最低矮处，布置菖蒲等适合湿地生长的植物（图 2.3.31~ 图 2.3.36）。

细叶芒　蒲苇　细叶芒　玉带草　穗花婆婆纳　鸢尾　菖蒲　金鸡菊　美丽月见草　黄菖蒲　火炬花　细叶芒　香蒲　玉带草　松果菊　拂子茅

图2.3.31　雨水花园种植组团示例

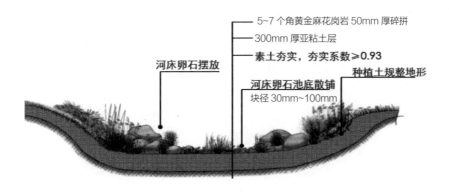

河床卵石摆放

5~7 个角黄金麻花岗岩 50mm 厚碎拼
300mm 厚亚粘土层
素土夯实，夯实系数≥0.93
种植土规整地形
河床卵石池底散铺
块径 30mm~100mm

图 2.3.32　旱溪做法

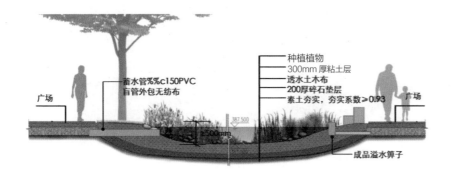

广场

蓄水管%%c150PVC
盲管外包无纺布

387.500
500mm

种植植物
300mm 厚粘土层
透水土木布
200厚碎石垫层
素土夯实，夯实系数≥0.93
成品溢水箅子

广场

图 2.3.33　广场下沉式绿地做法

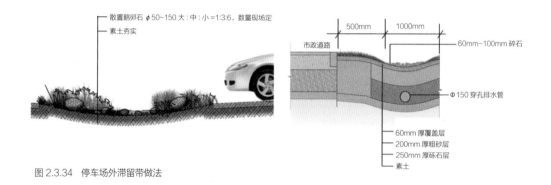

散置鹅卵石 φ50~150 大：中：小 =1:3:6，数量现场定
素土夯实

500mm   1000mm
市政道路
60mm~100mm 碎石
Φ150 穿孔排水管
60mm 厚覆盖层
200mm 厚粗砂层
250mm 厚砾石层
素土

图 2.3.34　停车场外滞留带做法

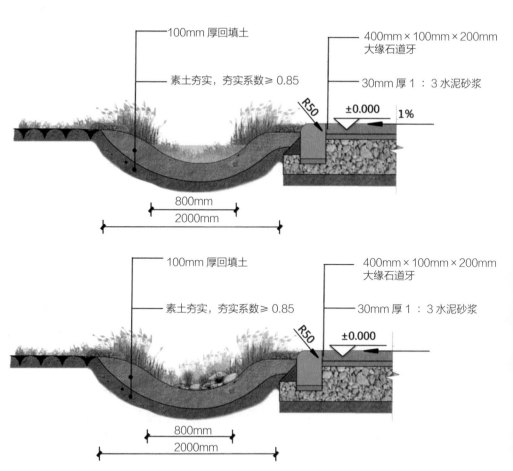

100mm 厚回填土
400mm × 100mm × 200mm 大缘石道牙
素土夯实，夯实系数 ≥ 0.85
30mm 厚 1 ：3 水泥砂浆
R50
±0.000   1%
800mm
2000mm

100mm 厚回填土
400mm × 100mm × 200mm 大缘石道牙
素土夯实，夯实系数 ≥ 0.85
30mm 厚 1 ：3 水泥砂浆
R50
±0.000
800mm
2000mm

图 2.3.35　植草沟做法（丰水期—枯水期）

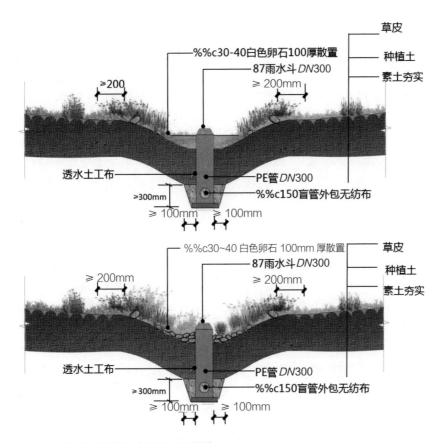

图 2.3.36　汇水生态草沟做法（丰水期—枯水期）

4）总结

公园内通过海绵城市系统设计，不仅实现了作为城市景观绿地的功能，也同时成为新城中重要的雨水调控节点。

生态效益：透水铺装代替传统的不透水铺装，增加草沟、雨水花园等海绵设施，实现了对雨水渗、滞、蓄、净、用、排的目标，使雨水得到了合理的利用。同时草沟、雨水花园等设施增加了生物生境种类，在一定程度上增加了生物的多样性。

社会效益：雅乐公园的雨水调控不仅是对公园本身，也实现了对周边街道与社区的雨水调控，使周边居民受益。公园内设有大量宣教设施，在增加公园游览趣味性的同时，对海绵城市的宣传起到了一定作用。

经济效益：有效的海绵城市设计使公园实现自然排水，使人工排水费用大范围缩减。

2.4 "海绵 +"河湖水环境设计

2.4.1 河湖水环境"海绵 +"设计理论

1. 水环境系统规划设计

传统城市开发建设过程由于改变了自然水循环路径，在很大程度上影响了自然水系的循环过程。常规的水环境系统规划，主要围绕解决水体水质等问题开展，多数以管网截污建设、初期雨水调蓄池建设、底泥清淤、原位水质净化、生态修复工作为主，主要考虑灰色设施和水体的关系，对于面源污染的整体控制没有详细和相对合理的设计。因此，传统的城市水环境系统规划仍然围绕单一水质净化因素展开，不能对水环境的规划做出系统性的解决，没有遵循水环境可持续性的设计。

2. "海绵 +"水环境规划设计理念

随着目前海绵城市的大力推广，海绵化的水环境规划设计理念亟需融入黑臭水体等水环境综合治理的项目之中。将水体作为海绵体进行建设，在尊重流域尺度下水系大循环的同时，尊重场地内水体的小循环。可以说，任何一个天然水体都是一个海绵体，都有着对雨水调蓄、净化的功能。在尊重水体自然循环规律的同时，不仅要关注水体本身，也要对水体周边绿地加以利用，实现对水体本身的保护和场地周边面源污染的净化、拦截和过滤，进而将"蓝、绿"进行有效结合。当然，海绵化的水环境规划设计不能只依靠岸带绿色设施实现对水体水质的保障，还要与灰色设施进行结合，协调构建。也就是说，海绵化的水环境规划设计是在大尺度遵循自然规律、协同自然化资源的基础上，在中微观尺度进行"蓝、绿、灰"的协调统筹，构建"绿色设施与灰色设施结合，蓝色设施与绿色设施融合"的可持续海绵化水环境系统。

3. "海绵 +"水环境设计要素

由于目前海绵城市建设以恢复自然水文生态特征为主，核心关注点是在自然状态下控制中小降雨的径流。但随着海绵城市的理念愈加丰富，除了源头的径流控制，过程中还需围绕城市黑臭水体治理进行设计。因此，"海绵 +"的水环境设计，更加针对黑臭水体污染问题进行考虑，通过源头 LID 设施的改造、合流制管道分流改造、合流制溢流污染控制，以及水体生态治理等系统性工程措施建设与非工程措施，系统解决流域范围内城市黑臭水体污染问题，进而推进区域的整体治理。

2.4.2 应用案例

1. 北京市通州区凉水河湿地设计项目

1）背景介绍

项目时间：2017 年 6 月。

项目特点：利用凉水河岸带地形凹地，构建林地空间内部雨水湿地和坑塘，实现雨季对场地周边岸带径流雨水的调蓄和净化，同时在旱季营造多样化的景观植被，与场地周边景观融合，进而达到凉水河生态岸带水源涵养和生态景观建设的目的，为恢复凉水河岸带空间生态廊道功能提供保障。

设计地块位于北京市通州区张家湾镇，西起京津高速、东至镇界、北临凉水河右堤坡底线（部分区域位于凉水河以北），沿线全长15km，总面积573.6hm²，其中90.6hm²位于副中心内。场地为集中块状分布，共涉及张家湾镇19个村，地上物主要为林地、苗圃、鱼塘、建筑等（图2.4.1）。

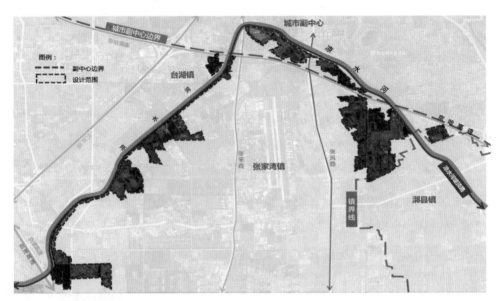

图2.4.1　凉水河湿地建设工程范围示意

2）湿地带功能定位

生态优先：地处五号楔形绿地，环城生态带南界；应突出与大运河国家公园差异定位，以补充和完善凉水河沿岸绿化成果，构建生态防护绿廊为主，同时作为京东南古延芳淀湿地片区与凉水河之间的生态带，突出水源涵养功能。

兼顾休闲：紧邻凉水河，突出种植特色；兼顾形象展示界面；结合河道功能区、节点分布和张家湾村镇建设在重点区域实现绿色休闲、生态游憩功能，不宜布置过多使用场地；适度反映凉水河文化，并呼应张家湾古镇特色，实现张家湾文化休闲产业功能。

3）核心问题

问题一：地形平坦，平原造林比例达到 66%，生态环境单一。

问题二：水源不足，在没有外来水源补给前提下，枯水期无水。大陆性季风气候，多年平均年降水量为 567mm，降水年内分配极不均匀，汛期降水量占全年降水量的 85%，春冬季节水量不足。多年平均水面蒸发量 1200mm。设计地块高于凉水河常水位。凉水河自身水资源匮乏，而张家湾境内渠道水网目前也以排涝为主，水资源条件有限，仅周边的胜利干渠、枣凤沟上游地块的水源条件较好。

问题三：现状林带与凉水河河道景观特色不匹配，功能不完善，亟待提升。

4）建设目标

① 生态优先的滨河风景林带。作为凉水河河流廊道的补充，完善绿廊生态系统，恢复生物多样性，提升林带品质。

② 雨水涵养的季节性湿地。位于张家湾—漷县湿地上游，实现水源涵养、雨水利用，为下游湿地建设留足余地。

③ 弹性发展的郊野公园。结合周边村镇使用人群，适度实现林带的绿色休闲和文化游憩功能，提升张家湾知名度，为未来发展预留弹性。

5）设计策略

① 加宽河流廊道界面，丰富绿化层次，形成林分结构稳定、功能健全的生态系统，与周边斑块连缀成片。

② 结合现状坑塘及汇水区域，有条件地实现局部水网连通，形成季节性湿地，主要节点能看到水。

③ 依托凉水河特色分区，在门户界面及村镇重点建设区打造游憩公园，通过种植特色植物展示凉水河沿岸古镇文化特色。

6）总体设计

根据场地内高程变化，划分源头、中端、末端 3 段雨水汇水区。

雨水调蓄目标：海绵城市设计调蓄容积 4.48 万立方米；雨水径流污染总固体颗料物（TSS）消减率 42%，海绵湿地总调蓄容积满足控制雨量的调蓄要求。

（1）场地内海绵城市设计指标

年径流总量控制率 85%，综合径流系数 0.2，设计降雨量 33.6mm，控制雨量 4.47 万立方米，年雨水径流污染物削减率指标：TSS 削减率 42%。

（2）场地内海绵城市设计原则

场地内可调蓄雨水量≥场地内控制进水量－渗透量，即 4.47 万立方米－0.012 万立方米 =4.46 万立方米。

源头汇水区设计调蓄容积：S_A=126 919m^2，V_A=25 419m^3。

中端汇水区设计调蓄容积：S_B=20 006m^2，V_B=3401m^3。

末端汇水区设计调蓄容积：S_C=77 171m^2，V_C=24 460m^3。

场地总设计调蓄容积：V=4.48 万立方米。

结合水源条件情况，改造现状坑塘，有条件地实现局部水网连通，形成季节性湿地，主要节点看到水；根据 GIS 分析、现状条件及海绵调蓄要求，布置三个段落中的海绵设施，实现雨水滞渗和净化；在源头及末端水系水源充足区域利用现状坑塘，结合景观构建表流湿地，加强源头及末端径流面源污染净化（图 2.4.2）。

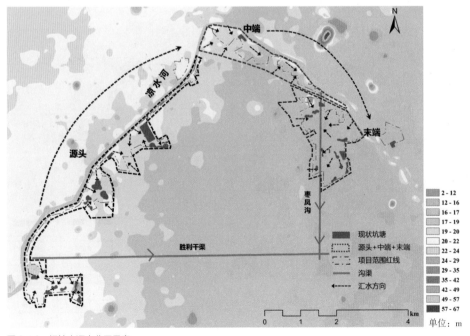

图 2.4.2　场地内汇水分区示意

　　湿塘（表流湿地）植物选择观赏性好、品质较高的水生植物，强调观赏性；干塘（雨水花园）选择抗性强，易成活、可粗放管理的耐水湿草本。

　　雨水管理系统布局：在源头、中端、末端安排有差异的海绵系统，由北向南，自西向东，根据地形、结合多种海绵设施实现场地内排水（图2.4.3、图2.4.4）。

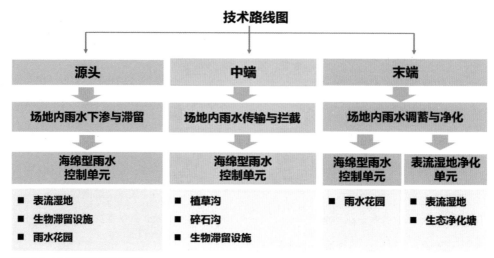

图 2.4.3　雨水管理体系技术路线

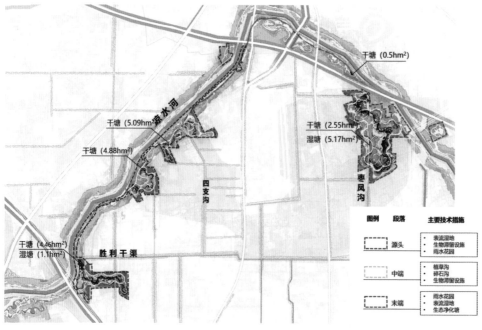

图 2.4.4　海绵湿地系统示意

排水方式：①地形排水，结合竖向设计组织排水区域，就近排入水体或雨水管道。②草沟排水，结合景观设计因势利导，最大纵坡不超过 8‰，经植被过滤进入生态洼地后排入市政管网。暗管排水作为辅助，与明沟形成相互贯通的排水体系。

根据现状条件设计两片湿地，水系连通后，维持湿地景观水位 1.6m。总蓄水量 7.73 万立方米，在保证湿地最小生态需水水位 0.4m 时补水，年均总体补水量 66 万立方米，景观水体由主干渠开闸供水，灌溉为机井供水。

湿地补水方式：

① 地块一表流湿地补水（图 2.4.5）。

水源：胜利干渠（通过现状闸门从凉水河引水）。

水量：10.66 万立方米 / 年。

进水：开启闸门 1，补水入湿地。

出水：建设连通渠，溢流入一支沟。

② 地块二表流湿地补水（图 2.4.6）。

水源：枣凤沟（通过现状闸门从凉水河引水）。

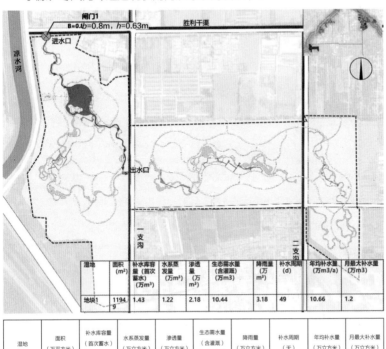

湿地	面积 （万平方米）	补水库容量 （首次蓄水） （万立方米）	水系蒸发量 （万立方米）	渗透量 （万立方米）	生态需水量 （含灌溉） （万立方米）	降雨量 （万立方米）	补水周期 （天）	年均补水量 （万立方米）	月最大补水量 （万立方米）
地块 1	1.2	1.43	1.22	2.18	10.44	3.18	49	10.66	1.2

图 2.4.5 地块一表流湿地补水示意

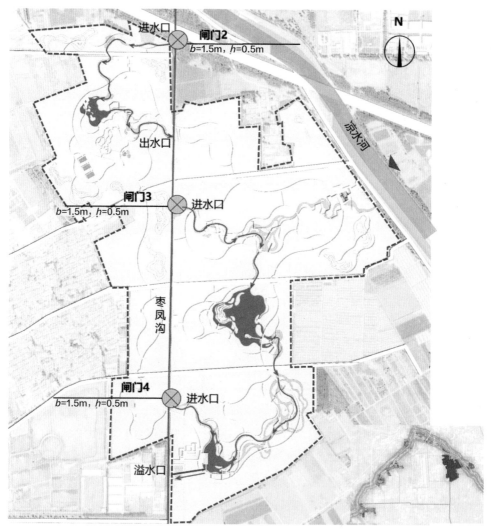

图 2.4.6 地块二表流湿地补水示意

水量：55.56 万立方米 / 年。

进水：开启闸门 2、闸门 3、闸门 4，补水入湿地。

出水：建设连通渠，溢流入枣凤沟。

7）小结

通过对场地有利地形的合理利用，同时结合场地内水系水源条件，在建设海绵净化湿地的同时，形成多样化、季节性的湿地景观。该项目对河流廊道界面的设计，对丰富岸带绿化层次、建立功能健全的生态系统以及修复凉水河岸带破碎化生境斑块有重要的意义。

2. 北京市通州区大运河水梦园湿地设计项目

1）项目背景

项目时间：2017 年 1 月。

项目特点：改造渠化河道，重塑河道自然化特征，营造多样性生物生存环境，同时构建岸带海绵设施，实现水质改善和雨水调蓄。重塑河流末端海绵体的生态与景观功能。

大运河水梦园湿地建设项目场地位于北京市通州区潞城地区东南，大运河、潮白河之间，紧邻潞城药艺公园，距北京市政府新址约 3km，副中心规划边界从场地中间穿过。项目范围西至减运路，东至潞城中路，北临西堡、东堡村，南临七级、南刘各庄村界，基地水系上游衔接减运沟，下游通过潞城药艺公园内水系与榆武沟相连，规划总面积 23.7hm² （图 2.4.7）。场地原为鱼塘，东部地块于 2000 年建设为雨洪利用工程——大运河水梦园，并在园内布置农业观光、科普教育等相关设施，后因运营不善，公园不再对外开放，设施荒废。

2）项目定位

① 项目位于运潮减河支沟减运沟下游，根据通州区防洪排涝相关规划，所在区域水系主要起到调蓄功能。

② 根据通州区湿地保护与发展相关规划，项目所在区域湿地要起到净化改善水质的功能。

③ 从副中心及其周边绿地系统看，项目场地是衔接副中心绿心及外围生态斑块之间的重要自然廊道。

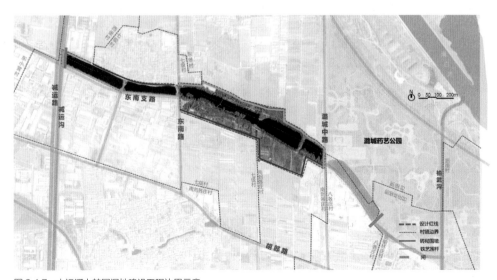

图 2.4.7 大运河水梦园湿地建设工程边界示意

④ 从副中心周边河流廊道和滨水空间看，项目场地是周边唯一具有亲切宜人的空间尺度、蓝绿交织生态基底的风景廊道。

⑤ 从目前副中心的规划看，项目周边必然匹配高端服务（比如教育、医疗）产业板块，而项目东侧以潮白河廊道为中心，包含药艺园、高尔夫球场在内的生态区域，位于副中心、潮白新城、燕郊新城之间，势必要统一规划、协同发展、连片打造。场地应具有优美的自然景观风貌。

⑥ 从区域视角看，水梦园与东侧潞城药艺公园呼应，形成功能上的互补，满足周边村镇居民的日常休闲游憩活动需求，形成林水相依、水绿交融的健康生活体验区。

3）现状分析

水系：设计范围内水系长度为 1700m（药艺园区段 1000m），水系宽度 35~60m，原水梦园区域北岸宽度约 30m，南岸宽度 80~150m，岸线平直无变化，但视线通透、尺度宜人。

水质：现状水体氮磷含量超标，降低了水体溶氧，水质出现富营养化现象，污染较为严重。

地形：陆地整体地形平坦，东南侧为大片空置场地。

植被：现状植被大多为次生林，场地周边植被层次单一，乔木长势良好，形成场地骨架。

生境：水域动植物种类较少，生态环境结构简单。

服务设施及地上物：现状建筑、构筑物风格杂乱，多已荒废无保留价值，用地中部上方有高压线经过，场地内部有 4 个水井房、1 个蓄水池，服务设施陈旧，多数无法满足使用功能。

4）核心问题

① 水体富营养化现象严重，工程建设不同步，现状水质不能满足标准要求。

② 平直岸线和单一的植被造成水绿割裂和生态循环丧失，亟待修复。

③ 河流丧失开放廊道功能，交通等功能无法与周边公园形成良好互动。

④ 现状场地难以匹配副中心建设背景下的功能定位，亟待更新。

5）总体设计（图 2.4.8）

生态之梦：改造渠化河道，重塑健康自然的弯曲河岸线；恢复自然深潭浅滩，实现水质改善和雨水调蓄；生态基底修复，营造多样性生物生存环境。

自然之梦：打造风景宜人、亲近自然的多元湿地景观风貌。

体验之梦：以实现水绿交融的湿地体验为特色，与周边绿地的森林健康生活功能互为补充，成为联系城市副中心和"绿色后花园"的自然谧道与休闲驿站，同时为未来绿色休闲拓展打下基础。

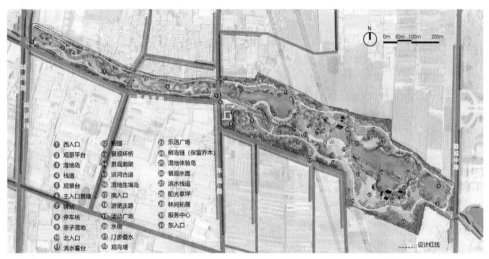

① 西入口	⑫ 鸟瞰	㉒ 乐活广场
② 观景平台	⑬ 景观环桥	㉓ 树岛链（保留乔木）
③ 湿地岛	⑭ 景观廊架	㉔ 湿地体验岛
④ 栈道	⑮ 运河古道	㉕ 景观水面
⑤ 观景台	⑯ 湿地生境岛	㉖ 滨水线道
⑥ 主入口景墙	⑰ 南入口	㉗ 阳光草坪
⑦ 驿站	⑱ 游览主路	㉘ 林间拓展
⑧ 停车场	⑲ 活动广场	㉙ 服务中心
⑨ 亲子湿地	⑳ 水榭	㉚ 东入口
⑩ 北入口	㉑ 汀步叠水	
⑪ 滨水看台	㉒ 观鸟塔	------ 设计红线

图 2.4.8　大运河水梦园湿地建设工程设计总平面

6）理水对策——生态海绵为底

日补水量 4470m³，34 天换水周期。从上游减运沟引水，保证河道 4470m³/d 补水需求，通过控制上下游闸门，调节河道水位。

3 层水位控制线（丰水期、平水期、枯水期）：通过改造现状河道断面，增设缓冲带、海绵设施，实现不同过境水量条件下的水位调节。

两大功能单元：海绵单元和表流湿地单元（图 2.4.9）。

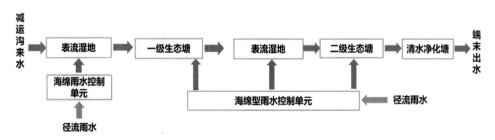

图 2.4.9　两大功能单元工艺流程

海绵体雨水控制单元：实现场地内汇水区域 85% 的年径流总量控制需求，净化和削减初期降雨量 6~8mm 的道路雨水污染。

（1）场地内海绵城市设计指标

年径流总量控制率：85%。

设计降雨量：32.5mm，控制雨量 2621m³。

年雨水径流污染物削减率指标：TSS 削减率 52%。

（2）场地内可削减的雨水量

汇水 1 区设计调蓄容积：S=2989m²，V=448m³。

汇水 2 区设计调蓄容积：S=2989m²，V=448m³。

汇水 3 区设计调蓄容积：S=8899m²，V=2670m³。

场地总设计调蓄容积：V=3566m³。

（3）道路初期雨水削减量

削减初期降雨量 6~10mm 的道路雨水。

设计初期雨水净化总量 V=1792m³。

设计初期雨水污染物削减：TSS 去除 60%，总氮（TN）去除 30%，总磷（TP）去除 10%。

表流湿地单元：通过构建高效水质净化植物，实现湿地单元对污染物的净化——TN 去除 30%，TP 去除 10%。设计进水水量：4470m³/d。

设计单元串并联形式：串联。

设计总水力负荷：0.06m³/（m²·d）。

设计表流湿地单元总面积：6.93hm²。

（4）水质保障与净化系统（截污清淤、水体循环、原位净化、水质监测）

设计采用绞吸式挖泥船对底泥进行生态清淤，平均厚度约 1m，清淤量总计 8 万立方米，截留现状雨水、污水排口进入市政管道，将雨、污分离（图 2.4.10）。

为实现水体自循环，建设 2 座循环泵站（泵站 1 和泵站 2），增强水动力，流量约 1m³/s。

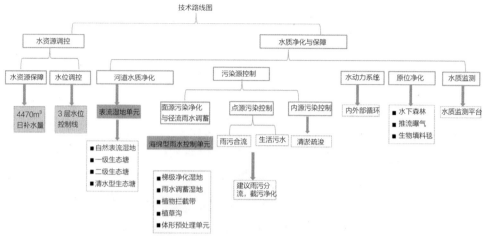

图2.4.10 水资源调控与水质净化技术路线

设计按照河道最小宽度 b=30m，水体循环流速 v=0.15m/s，表层水体深度 h=0.2m 计；为维持湾塘湿地的水量，建设 1 座内部循环泵站（泵站 3），流量约 0.001m³/s。

采用水下森林净化水体，丰富生物多样性，面积约 2000m²。在各段道路或桥头节点易爆发藻华区，为加强水体流动性，增强微生物活性，恢复水体自净能力，设置推流曝气机 4 台，生物填料毯面积 5800m²。设置 5 处水质监测和观测点，预防水体富营养化。

（5）小结

利用现状排涝河道及岸带绿地空间构建以调蓄雨水为主的岸带海绵体，实现岸带径流雨水的控制和净化，同时构建河道海绵体原位水质净化措施和生态修复处理，实现水体水质的保障和自净。

3. 浙江温州三垟湿地水环境治理

1）项目概况

三垟湿地水环境治理项目于设计 2017 年 6 月开始，项目采用科学合理的手段发挥出水体"天然净化系统"的功能，打造适宜人类修身养性的生态疗愈场所，恢复适宜动植物休憩繁殖的天然场所，修复浙南生物系统的多样性，形成人与自然和谐共生的生态环境。

三垟湿地地处浙江省温州市瓯海区三垟街道，位于城市"绿心"，有着重要的城市生态综合体功能。湿地总面积约为 10.67km²，湿地内河流纵横交织，密如蛛网，形成了 160 余个大小不等、形状各异的"小岛屿"（图 2.4.11）。

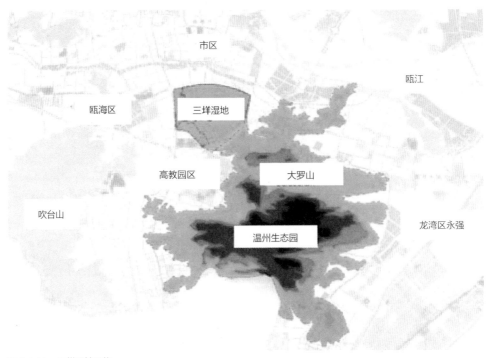

图 2.4.11　三垟湿地区位

自 2011 年三垟湿地公园被升级打造成温州"绿肾"以来，三垟街道 9 个村、4300 余户村民为湿地公园让出建设空间，完成 138 万平方米的房屋征迁。征迁完成后，三垟湿地将被打造成为集生态保育、科普教育和休闲游乐于一体的国家城市湿地公园。

2）水环境现状与问题分析

（1）水体污染分析

三垟湿地水网位于温瑞塘河下游，承接温瑞塘河来水。由于温瑞塘河现状水质较差，成为三垟湿地水网的最大污染源，且瓯江入温瑞塘河水携带大量泥沙，二者均造成温瑞塘河底部淤泥厚度增加、污染加剧，亟需清淤疏浚。

三垟水体整体水质为劣 V 类水，南部接受来自大罗山的泉水，水质较好；西部和北部相连的水质几乎常年呈劣 V 类，主要超标污染物指标为 NH_3-N。

（2）水动力分析

采用丹麦水力研究所（DHI 公司）的 MIKE21 平面二维自由表面流模型对三垟湿地的水动力和水环境进行数值模拟。

三垟湿地水深为 1~3.8m，多数水域水深为 1.5~2.5m。梅汛期、台汛期及非汛期各阶段水深变化不明显，变幅较小。梅汛期为每年 4 月 16 日至 7 月 15 日，强降水多、雨量大，多灾害性天气；台汛期为每年 7 月 16 日至 10 月 15 日，短时强降雨；非汛期为每年 10 月 16 日至次年 4 月 15 日，降水少，雨量小；较大水深处分布在西部入口区及中部各河道交汇处（图 2.4.12）。

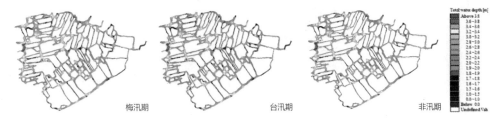

图 2.4.12　三垟湿地水位变化

三垟湿地最大流速约为 5.7 cm/s，多数水域流速处于 2.5 cm/s 以下，较高流速处分布在西部入口区、中部各河道交汇处及东部出口区。水动力严重不足的河段（流速低于 0.5 mm/s）有 4 处死水区，水体容易受到外界有机物输入的影响导致局部水质恶化（图 2.4.13）。

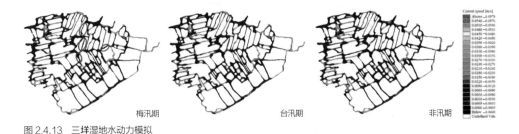

图 2.4.13　三垟湿地水动力模拟

三垟湿地水质模拟显示，三垟湿地水体内溶解氧（DO）为 2 ~ 5 mg/L，不同时期变化较为明显；氨氮含量（NH_3-N）处于 3.8 ~ 6.4 mg/L 的较高水平，不同时期变化较为明显；COD 为 3.2 ~ 5.0 mg/L，不同时期变化略微明显；TP 为 0.24 ~ 0.44 mg/L，不同时期变化较为明显；三垟湿地总体在 2016 年的各项水质通量（除 COD 外）表现为净流出（图 2.4.14、图 2.4.15、表 2.4.1）。

（3）水生态分析

三垟湿地内部绝大部分河岸改建为松木桩堤岸，此类河流堤岸失去了自然湿地河滨带的风貌，破坏了原有湿地的生态结构和生态功能，隔离了陆域与水域动物的生境，使湿地湖滨岸线失去原有价值功能，水生生态系统不完整，湿地生物多样性减少。

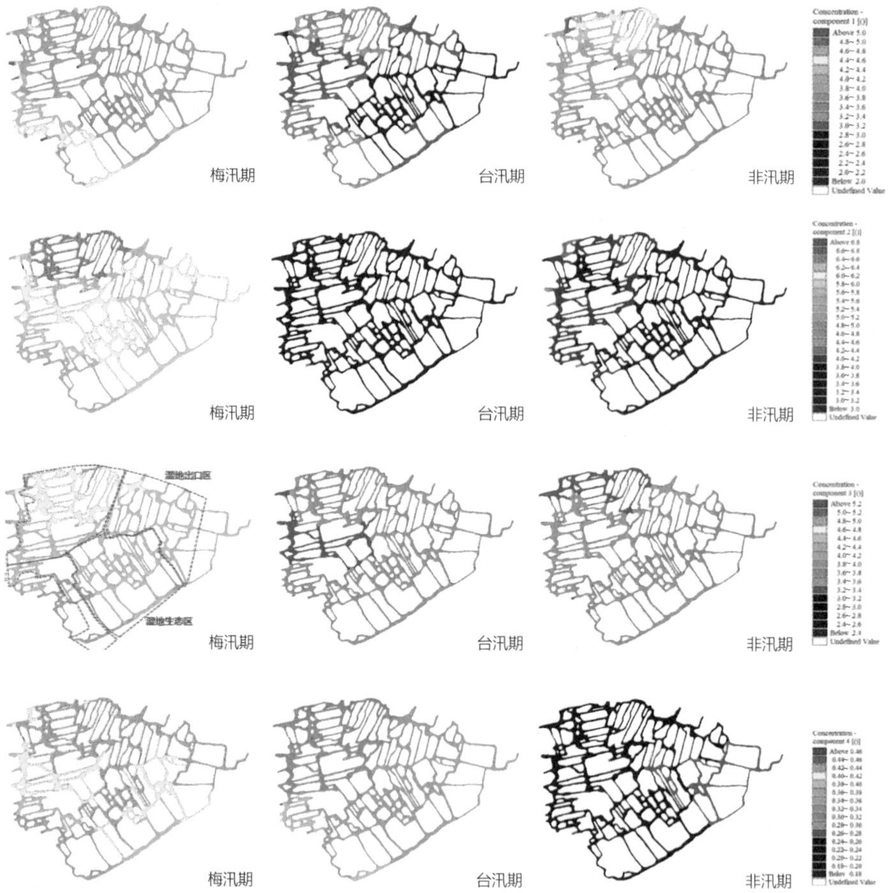

图 2.4.14　三垟湿地水质模拟

表2.4.1　三垟湿地各分区水质通量统计

分区类别	DO（t）	NH_3- N（t）	COD（t）	TP（t）
污染严重区	-42.5	-65.9	-44.5	-4.5
污染次严重区	-142.1	-177.7	-143.1	-12.9
湿地生态区	-125.4	-160.7	-128.3	-11.9
湿地出口区	301.1	359.8	317.8	27.8
合计	-8.9	-44.5	1.9	-1.5

图 2.4.15 三垟湿地各分区水质通量统计

3）方案设计

（1）湿地内部污染源水环境治理

① 湿地活水净水工程：

三垟湿地总体水流较为缓慢，局部有一定缓流区，水流滞缓，水动力不足，污染物容易积累，应分别在污染较严重处实施微生物技术与推流曝气联合技术，提升水体自净能力。本方案采用铺设微生物毯的方法，工艺围绕着为净水本地原生微生物创造良好的生存环境和适宜的净水环境而展开，目的在于提高水体纳污能力，实现水体自净速度大于污染速度。微生物毯的设计面积为 180 000m^2（图 2.4.16）。

图 2.4.16 活水净化工程布置

② 面源污染控制工程：

为了控制三垟湿地瓯柑种植区面源污染，在瓯柑种植区布置草本植物，同时布置生态拦截带收集地表径流雨水，通过人工湿地进行深度净化后排入三垟湿地。同时在瓯柑种植区护坡处种植草本植物，如三叶草、狗牙根、结缕草等进行固坡（图 2.4.17、图 2.4.18）。

本次草本植物覆盖带面积为 944 812m²。

生态拦截缓冲带是通过对农田尾水的滞留、净化、传输，同时结合湿地系统控制农业面源

图 2.4.17 草本植物覆盖带植物种类（三叶草、狗牙根、结缕草）

图 2.4.18 草本植物覆盖带布置区

污染对河流影响的技术（图 2.4.19、图 2.4.20）。

本次设计方案共布置生态拦截带面积为 13 914m²。

本工程结合湿地实际进水水质和工程场地用地现状，设定表流湿地水力负荷（HL）为 0.08m³/(m²·d)，经核算湿地面积为 10 629m²。

图 2.4.19 生态拦截带示意（图片来源于网络）

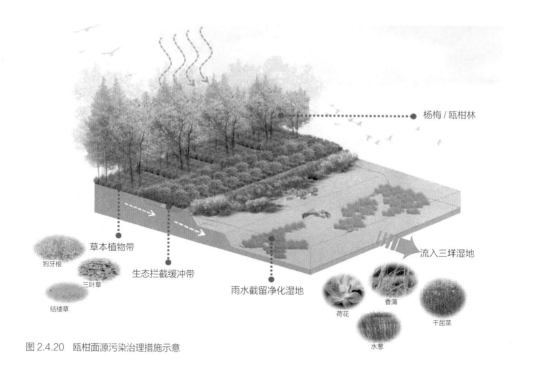

杨梅/瓯柑林

草本植物带

狗牙根

三叶草

生态拦截缓冲带

结缕草

流入三垟湿地

雨水截留净化湿地

荷花

香蒲

千屈菜

水葱

图 2.4.20　瓯柑面源污染治理措施示意

③ 海绵城市建设工程：

三垟湿地北侧和南仙堤两侧为商业及景区娱乐用地，人口数量多，活动强度大，径流污染物排放量大。为了控制径流污染对三垟湿地水质影响，同时考虑到现有污水处理厂的处理能力，对项目范围内建筑群产生的地表径流采取低影响开发（LID）措施，降低建筑区雨水径流对生态环境的影响，从而对景区面源污染和雨水径流的源头进行消减、控制。

三垟湿地商业区集中地屋面建议采用绿色屋顶控制地表径流，同时对雨水进行初步净化，径流雨水经植草沟汇流到雨水花园进行深度净化，净化后雨水回用于园林灌溉。

雨水花园是自然形成的或人工挖掘的浅凹绿地，被用于汇聚并吸收来自屋顶或地面的雨水及地表径流，通过植物、沙土的综合作用使雨水得到净化，并使之逐渐渗入土壤，涵养地下水，或使之补给景观用水、厕所用水等城市用水，是一种生态可持续的雨洪控制与雨水利用设施。

④ 道路雨水控制工程：

三垟湿地内部道路雨水主要通过雨水管线进行收集至调蓄池，后进入市政管线流入污水处理厂。湿地内部部分建筑区域较为分散，且道路雨水量较少，建设调蓄池收集雨水的经济性及可行性较低，因此采用雨水花园的方式，并建设绿色屋顶引导雨水径流至道路，道路建设雨水管线收集雨水，在管线末端设置旋流分离设备处理初期雨水，削减部分污染物后排入河道（图2.4.21、图2.4.22）。

图2.4.21　绿色屋顶意向（图片来源于网络）

图2.4.22　雨水花园效果（图片来源于网络）

⑤ 生态修复工程：

三垟湿地生态保护区的驳岸设计，将湿地保护区降岛为滩，将绝大部分河流水岸削坡填河，将湿地保护区次要河道周边岛屿与河道削岛为屿，将现状断崖式驳岸改造为具有缓坡的自然缓冲驳岸。

　　对于垂直驳岸，通过填挖土方的形式改造湿地驳岸的垂直形态，构建适宜水生植物生长及水生动物栖息的滨水岸线环境（图 2.4.23）。

　　对于松木桩驳岸，通过填挖土方及处理松木桩的方式改造驳岸，形成适宜湿地生境建设的自然缓冲驳岸（图 2.4.24）。

　　护坡设计方案：将湿地护坡进行改造后，形成自然缓坡，采用生态的方式构建湿地滨水岸线，选择松木桩进行护坡固定，种植山麦冬、棕叶狗尾草、常绿鸢尾、细叶芒、柳条

图 2.4.23　驳岸生境意向（图片来源于网络）

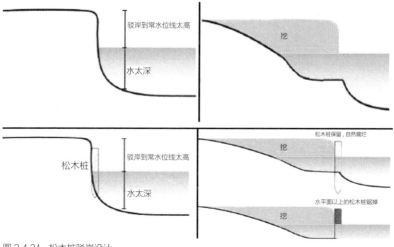

图 2.4.24　松木桩驳岸设计

建立水生植被带。

对于湿地不同区域的护坡，采用不同的生态工法构建生态护坡。采用毛石进行坡脚的固定，捆扎柳条、回填土加固自然护岸，用常绿鸢尾、星花灯心草、芦苇、细叶芒、披针薹草进行岸线生态植被的构建（图2.4.25、图2.4.26）。

植物系统构建工程：根据水中、水面、水上植物空间合理搭配，根据水边、浅水、深水植物水面梯度合理搭配，根据景观需求与不同主题，针对性配置（图2.4.27）。

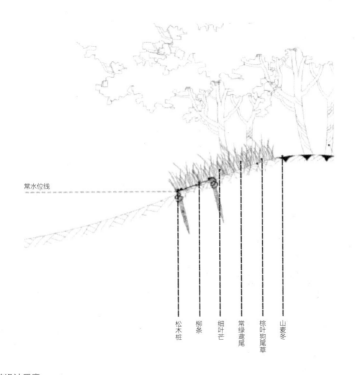

图2.4.25 护坡设计示意

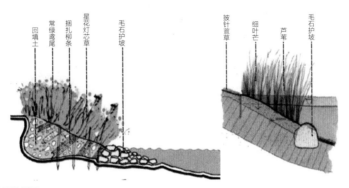

图2.4.26 护坡设计剖面

图 2.4.27 植物选择

植物选择：挺水植物主要考虑芦苇、荷花、千屈菜、水葱、香蒲、菖蒲等，浮叶植物主要考虑睡莲、荇菜、莼菜、芡实等。深水区域考虑大范围种植沉水植物，如金鱼藻、狐尾藻、黑草、菹草等。在具体种植设计时进行合理布局和分布，建议采用片状混种的模式进行种植。

动物系统构建工程：三垟湿地属瓯江流域，该流域鱼类主要包括鲤形目、鲇形目、鲈形目等。三垟湿地内鱼苗投放参考瓯江，主要投放圆吻鲴、拟鲹、黄颡鱼、青鱼、草鱼等淡水鱼苗，共投放鱼苗 10 万尾。

本次方案向水体放养铜锈环棱螺、蚌，总放养量约为 2000kg。蚌类采用吊养；螺类要在水生植被构建起来后，水体底层溶氧状况大于 3mg/L 时才能放养，主要洒投于水深 1.5m 的沉水植物种植区（图 2.4.28）。

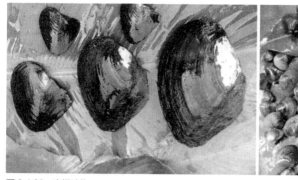

图 2.4.28 底栖动物

4）可达效果分析

（1）水环境治理措施效果——驳岸改造效果评估

项目采用 MIKE21 对驳岸改造效果进行模拟。在三垟湿地内部，选取 A、B、C 三个典型区域模拟驳岸改造对三垟湿地水质的提升效果。

模拟结果显示，建筑、商业区部分边坡为 1：3 时，对 TP 的去除率最高，可达 14%；湿地内一般地区边坡为 1：5 时，有利于水体中 DO 的增加，对 TP 的降解最好，去除率为 12%。三垟湿地营造浅滩生境边坡为 1：10 时，TP 的去除率为 14%，NH_3-N 的去除率为 3%。驳岸改造有利于 TP 的去除。

（2）水环境治理措施效果——菌剂投放效果评估

项目采用 MIKE21 对菌剂投放效果进行模拟。以污染次严重区为代表，选取 A、B、C 三个典型断面模拟菌剂对三垟湿地水质的提升效果（图 2.4.29）。

A 区：下游，水网连通性一般、水动力较强，但随水体逐渐向边界流动，菌剂投放对提升三垟湿地内部水质效果较小；B 区：上游，水网连通性一般、水动力较强，随水体逐渐向下游流动，菌剂投放对提升三垟湿地内部水质具有一定效果；C 区：缓流区，水网连通性丰富、但水动力不足，菌剂投放对提升三垟湿地内部水质效果不明显。

图 2.4.29　三垟湿地平面

（3）水环境治理措施效果——曝气效果评估

项目采用 MIKE21 对曝气效果进行模拟。以污染次严重区为代表，选取 A、B、C 三个典型断面（与菌剂断面相同）模拟曝气对三垱湿地水质的提升效果。

结果显示，曝气对提升三垱湿地内部水动力具有一定效果，可改善三垱湿地内局部微循环水流条件。

4. 湖北省松滋市稻谷溪城市湿地公园园林景观设计

1）项目概要

湖北省松滋市稻谷溪城市湿地公园位于松滋市民主南路以东，稻谷溪路以南，工农渠以西，楚城大道以北区域，总用地面积 209hm²，是松滋首个以湖泊水体为资源载体的城市湿地公园。（图 2.4.30、图 2.4.31）

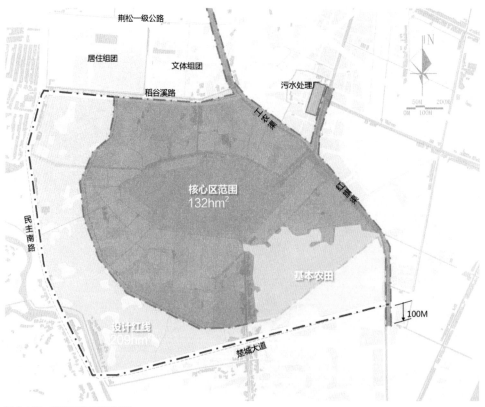

图 2.4.30　项目区位及范围示意

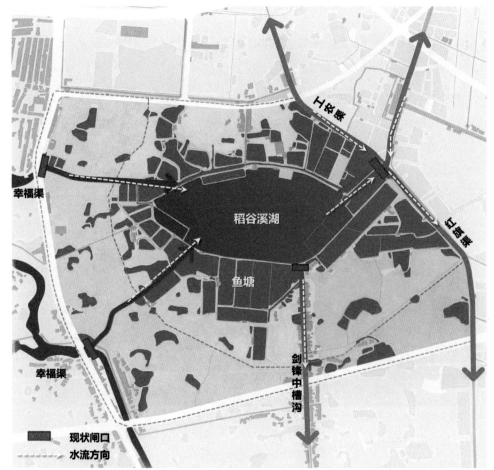

图 2.4.31 现状水系概况

方案设计以保护涵养、生态恢复为基础，围绕"谷韵艺术""谷韵育水""谷韵生活""谷韵活力"为主题展开，构建多样化的湿地，通过山形水系营建自然简约、原生态的景观风貌，以水体验为核心，完善湿地水生态系统构建，打造松滋南大门绿色地标展示荆楚文化形象。

2）设计策略与现状挑战

原生态风貌展示、生态涵养、科普示范水体验是稻谷溪城市湿地公园建设关注的核心问题。因此，河湖水环境生态基底的营建与完善是构建多样化湿地公园景观的关键。场地现状条件面临着湖体、鱼塘分离，水系未有效循环，现状水质较差，生境单一，枯水期、丰水期水位变化明显等方面的挑战。

（1）退塘还湖，连通水系

保留闸口位置，关闭西北侧闸 1，通过进水闸 2 从刘家河引水；修复东侧废弃出水闸 2，出水闸 1、出水闸 2 均作为溢排水口。

通过埋管，在刘家河上游建取水口（取水点选址市殡仪馆排污口上游 100m），沿刘家河埋管道 1.6km，接入进水闸 2，改建进水闸 2，闸后埋管 0.4km 进入公园内，管径 0.8m（图 2.4.32、图 2.4.33）。

湖底清淤挖方后主湖体平均水深 2m，湿地区域平均水深 1.5m，溪流汇流湿地水深 1m。

图 2.4.32　补水通道示意

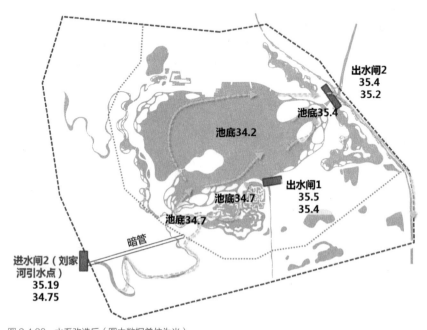

图 2.4.33　水系改造后（图中数据单位为米）

（2）四大治理措施保障水体自净

通过外源控制、内源控制、提质增容、水生态修复四大治理措施（图2.4.34），使水质满足地表水Ⅲ类标准。

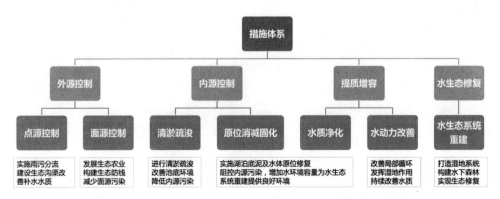

图2.4.34 治理措施体系

湖泊进水及出水通过闸阀控制，可维持一定水位范围。水体补给主要依靠降雨及进水渠补给。根据环境监测数据显示，外部补水水源刘家河目前水质为Ⅲ类，其pH值、TP、重铬酸盐指数（COD_{cr}）、高锰酸盐指数、NH_3-N五项指标均低于地表水Ⅲ类标准限值，完全满足景观用水要求。同时利用输水沟渠对刘家河进水水质进一步净化，通过改现有平直沟渠为蜿蜒型沟，在沟渠沿岸布置植物，沿途布置湿地泡塘、生态滤床、跌水堰等措施，进一步提高水质标准，营造更加洁净美观的水体环境。现状污水处理厂外排污水通过管道截污至松林垱导虹管，防止污水流入红旗渠，对公园东边环境产生影响。农田面源污染物质大部分随降雨径流进入水体，在其进入水体前，通过建立生态拦截系统，有效阻断径流水中氮磷等污染物进入水环境，措施包括稻田生态田埂、生态拦截沟渠、生态护岸边坡等。底泥沉积物中蓄积的营养元素及难降解有机物等会对水生生态系统构成长期的威胁，因此在底泥勘测的基础上，采取环保疏浚，疏浚污泥经干化后，用作造岛填土或者作为陆地植物的营养土合理利用（图2.4.35）。

大面积清淤及土方工程对水体扰动较大，在施工过程中易产生二次污染，方案在水生态修复前选择采用水魔方天然矿物原位修复技术进行水体水质的快速改善，并有助内源污染控制，为水生生态系统的恢复提供良好的条件。另外，考虑到建成后水体更换频率降低，水体内部循环较弱，为充分利用湿地系统的净化水质的功能，增设4处水循环系统，形成局部小循环，改善水动力（图2.4.36）。

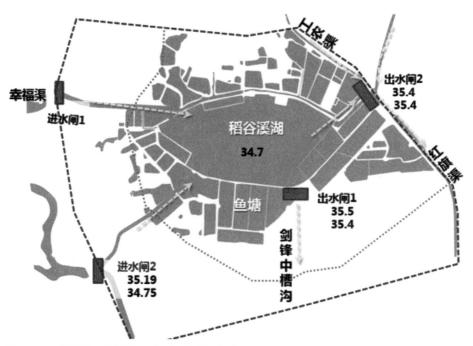

图 2.4.35　稻谷溪湖水工构筑物布置（图中数据单位为米）

图 2.4.36　水质保障措施体系

　　水生态修复是湿地公园建设的重要组成部分，不仅具有景观欣赏作用，亦是水体净化的重要途径。通过合理布局生态措施，充分发挥湿地植物的净化作用，对于湿地公园的长期稳定运行尤为重要，主要措施包括表面流湿地和水下森林构建（图 2.4.37）。

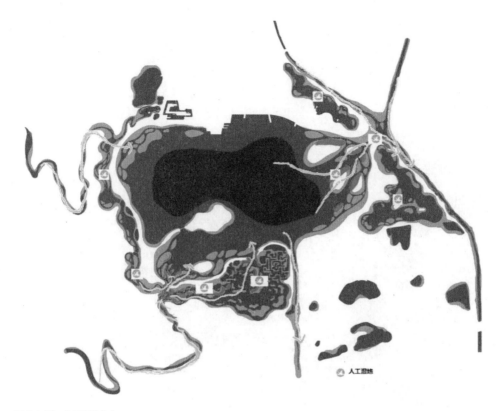

图 2.4.37　人工湿地分布

（3）构建水生态系统，恢复湿地功能

在水生态修复的基础上，营建完善的水生态系统，达到生态的多样性修复。

湿地系统：结合景观及水质净化需求，在进水口及出水口布设湿地系统，充分发挥湿地系统的水质净化及景观作用。

生态多样性恢复：在中心水域实施生态多样性恢复工程，包括挺水植物、沉水植物、水生动物的重建及恢复。

生物栖息地营建：共15目类，28科鸟类，其中包括游禽、涉禽、猛禽、林鸟类（图2.4.38~图2.4.40）。

游禽栖息地选择：水面、鱼塘、滩涂、芦苇香蒲沼泽、灌木草丛依次递减。繁殖关键地：芦苇香蒲沼泽和灌木草丛。

涉禽栖息地选择：滩涂、稻田、芦苇香蒲沼泽、灌木草丛、鱼塘依次递减。繁殖关键地：芦苇香蒲沼泽和灌木草丛。

猛禽栖息地选择：乔木、水面、滩涂依次递减。繁殖关键地：乔木林。

林鸟类栖息地选择：乔木、灌木草丛、芦苇香蒲沼泽、光滩涂依次递减。繁殖关键地：
乔木林、灌木草丛。

图 2.4.38　生物栖息地分布

图 2.4.39　陆地栖息地设计剖面示意

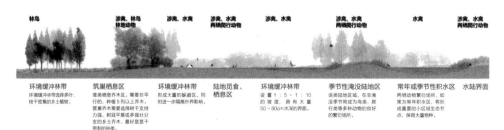

图 2.4.40　水陆交界区栖息地设计剖面示意

（4）分级驳岸设计

针对不同的水位，设计浅滩、可淹没区、永久性景观等不同的景观，在保证安全的同时丰富景观效果（图2.4.41、图2.4.42）。

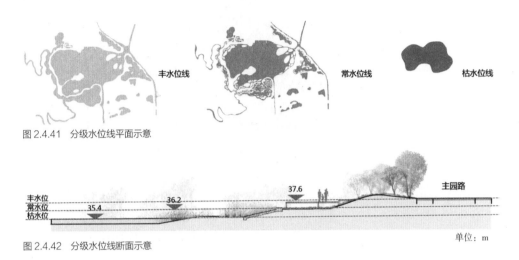

图2.4.41 分级水位线平面示意

图2.4.42 分级水位线断面示意

枯水位线以上常水位线以下为浅滩，以水生植物、生态岛屿、生态护岸为主。

常水位线以上丰水位线以下为临时性景观，即可淹没区，多设置木栈道、景观小品等，种植以多年生草本植物和灌木为主。

丰水位线以上为永久性景观，设计为主路、服务设施，种植以乔灌草多层结构、群落化种植方式为主。

结合湖、岛、堤、溪、湾、港、塘七种水岸形态，设计中主要采用硬质驳岸、石笼驳岸、草坡入水驳岸三种形式。丰富的驳岸类型不仅能够有效防止水流对岸线的冲刷，同时也为游览者提供了多样的景观视觉感受（图2.4.43、图2.4.44）。

图2.4.43 不同驳岸形式

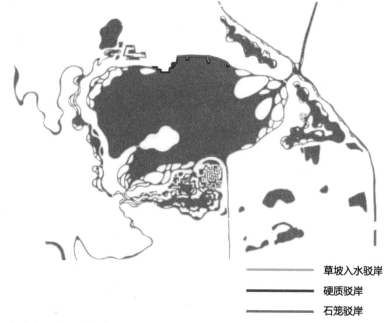

草坡入水驳岸

 硬质驳岸

 石笼驳岸

图 2.4.44　驳岸设计平面布置

（5）生态雨洪管理

　　由生态草沟、雨水花园构成的生态雨洪管理系统，能够使雨水快排，打造海绵型公园，消纳自身雨水，并为蓄滞周边区域雨水提供空间。

　　结合竖向设计组织排水区域，就近排入水体或雨水管道。结合景观设计因势利导，草沟最大纵坡坡度不超过8‰，经植被过滤进入生态洼地后排入市政管网。暗管排水作为辅助，与明沟形成相互贯通的排水体系（图2.4.45、图2.4.46）。

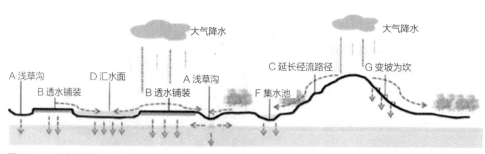

图 2.4.45　雨水组织断面示意

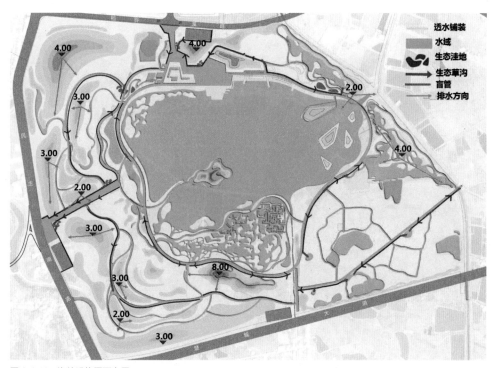

图 2.4.46　海绵设施平面布置

3）技术措施应用

（1）驳岸

驳岸可根据具体情况采取不同的方式，主要有石笼驳岸、砾石驳岸、木桩驳岸、草坡入水驳岸等（图 2.4.47~ 图 2.4.51）。

邻水道路边设置石笼驳岸，为水生植物提供生长空间，具有稳定驳岸和提供植物观赏的功能。坡度缓的水岸，保持其自然状态，配合植物种植，稳定水岸。

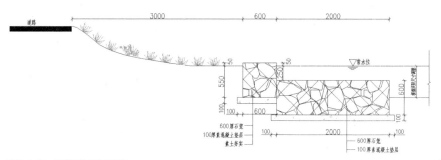

图 2.4.47　石笼驳岸剖面结构

单位：m

图 2.4.48 植物栅栏生物工程驳岸实景照片

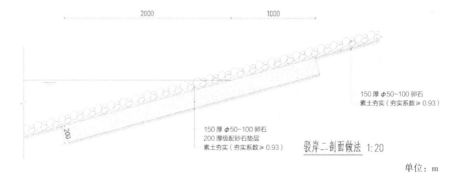

150 厚 φ50~100 卵石
素土夯实（夯实系数≥0.93）

150 厚 φ50~100 卵石
200 厚级配砂石垫层
素土夯实（夯实系数≥0.93）

驳岸二剖面做法 1:20

单位：m

图 2.4.49 砾石驳岸剖面做法

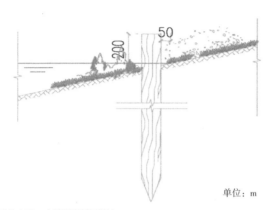

单位：m

图 2.4.50 木桩驳岸剖面做法

图 2.4.51　草坡驳岸实景照片

（2）雨水花园

设置于较大的绿地空间和植草沟出水口位置，利用水生植物收集和净化雨水（图 2.4.52）。

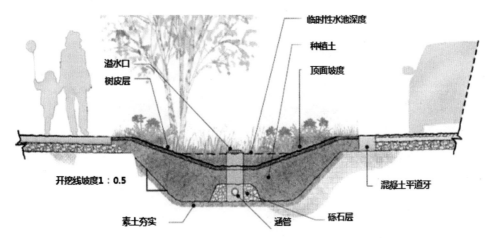

图 2.4.52　雨水花园结构示意

（3）透水铺装

广场、停车场、园路等选用透水铺装，可增加地面的透水率，削减峰值流量（图 2.4.53）。

（4）植草沟

结合地形，沿道路、广场和停车场等不透水面以及设计地形周边设置植草沟，代替园内雨水管系，可收集、输送过量雨水（图 2.4.54）。

（5）旱溪

对现状水渠进行改造，用于临时调蓄雨水径流，兼水质净化（图 2.4.55）。

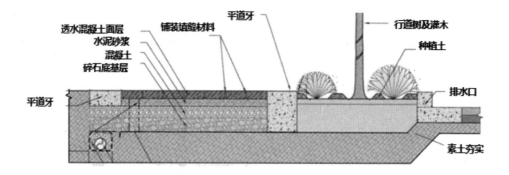

透水混凝土面层
水泥砂浆
混凝土
碎石底基层
铺装填缝材料
平道牙
行道树及灌木
种植土
平道牙
排水口
素土夯实

图 2.4.53　透水铺装结构示意

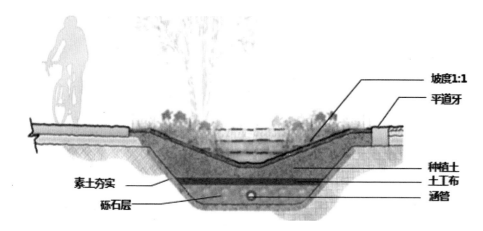

坡度1:1
平道牙
种植土
土工布
涵管
素土夯实
砾石层

图 2.4.54　植草沟结构示意

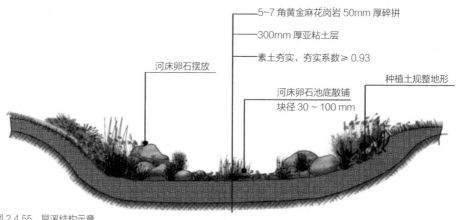

5~7 角黄金麻花岗岩 50mm 厚碎拼
300mm 厚亚粘土层
素土夯实，夯实系数 ≥ 0.93
河床卵石摆放
河床卵石池底散铺
块径 30 ~ 100 mm
种植土规整地形

图 2.4.55　旱溪结构示意

4）总结

公园以湖泊水体水环境的修复提升为核心，注重生态基底的营建和原生态风貌的展示，打造集康体养生、休闲游憩、生态科普、亲子娱乐、农田观光为一体的地标性城市湿地公园。

（1）生态效益

以河湖生态环境修复为核心，通过对水循环系统、生态过滤系统的构建与完善、水质保障措施、生物栖息地的营造等一系列生态措施，达到涵养水源、净化水质的目标，构建多样化的湿地和多层次多结构的稳定生态植物群落。在雨洪管理方面，通过透水铺装、植草沟、旱溪、雨水花园等多项 LID 技术设施的组合使用，实现对雨水的渗透、自然净化、积蓄与资源化利用，在源头上对雨水径流进行消纳，充分发挥湿地公园作为城市重要的绿色基础设施的生态效益。

（2）景观效益

水体、植物、地形及景观构筑物等景观元素结合，打造"一轴，两界面，三核心"的景观结构，构建了不同空间层次景观效果。不同种类植物搭配，营造四季景观。将审美和实用融合在一起，实现艺术与功能的统一。

（3）经济效益

充分考虑场地条件，最大限度地利用现状营造适地景观，尽量降低对场地自然水文环境的影响，少干预、低投入。铺装、构筑物等采用可再生材料，植物多选择乡土树种，大大减少了后期维护费用。

2.5 "海绵 +"生态修复设计

2.5.1 生态修复"海绵 +"设计理论

1. 生态修复规划设计

随着生态工程技术的发展以及国内外水体水环境自然化设计理念的丰富和较好的应用，生态修复规划设计愈加受到关注和提倡。而生态修复的规划设计工作范围也较为广泛，根据生态类型的不同分为林地、草地、湿地、河湖等生态系统的生态修复，而按修复类型的不同，又可以对矿山、湿地水域、自然植被等进行修复。修复方式和修复技术也多有不同，但多数以植被和生物多样性的修复为主。无论何种类型的生态修复，都是在遵循自然生态系统原理和过程的基础上，采用生态技术手段恢复和再现生态系统被干扰前的状态或重建新的生态系统结构，恢复系统结构和功能。

2. "海绵 +"生态修复规划设计理念

目前海绵城市建设对应了恢复和保持河湖水系的自然连通、构建城市良性水循环系统、逐步改善水环境质量的要求，也是对生态系统加强修复，恢复生态环境的体现。随着城市双修工作的推进，其所提倡的"生态修复和城市修补"也体现出了生态修复规划的重要性和迫切性。在城市双修和海绵城市建设中，生态修复工作是建设健康、美丽城市的基础，旨在保护自然资源、修复生态环境、推进海绵城市建设，其主要内容是河岸线、海岸线和山体的修复。简单来说，就是用再生态的理念，修复城市中被破坏的自然环境和地形地貌，改善生态环境质量；用更新织补的理念，拆除违章建筑，修复城市设施、空间环境、景观风貌，提升城市特色和活力。恢复城市自然生态，有计划、有步骤地修复被破坏的山体、河流、湿地、植被，积极推进采矿废弃地修复和再利用，治理污染土地。而海绵化的生态修复规划设计，也正是对城市自然生态环境的保护和自然化生态景观的再现，特别是对河湖湿地等海绵化系统进行了侧重恢复，包括其生态系统结构和功能，进而恢复生态系统的生态服务价值。

3. "海绵 +"生态修复设计要素

"海绵 +"生态修复设计主要针对河流、湖泊、水库等海绵体进行生态修复设计，主要针对系统的结构、生态服务功能进行。包括对水体水环境、水文条件、土壤、基底地形、植被结构、生物多样性等进行恢复设计。具体修复设计工作还应结合具体修复对象、场地条件、现状资源、修复目标等方面进行综合解读。

2.5.2　应用案例

1. 北京市东郊森林湿地公园

1）背景概况

东郊湿地是北京著名四大郊野公园东郊游憩公园的组成部分，建成之后的东郊森林湿地公园与北郊森林公园、西北郊历史公园和南郊生态公园将在北京城市发展的四个方向上形成重要的绿色斑块，成为城市生态与城市更新的重要基底。东郊游憩公园位于顺义区与通州区，拥有宝贵的湿地资源，温榆河与小中河从中蜿蜒流过，因此，这里将形成森林为体、两河为脉、绿道连接、林水相依的城郊风貌。该项目启动于 2016 年 10 月，主要策略是强调湿地与森林在城市生态基础设施中的作用，以一种有效的整合手段，利用森林与湿地对水体环境所发挥的积极意义，充分发掘水体在城市参与中的载体作用，形成森林、湿地、水体的友好合作关系，进而提供环境友好的生活居住模式，在保证水资源和水质的基础上开展参与性较强的林间、水上休闲活动（图 2.5.1）。

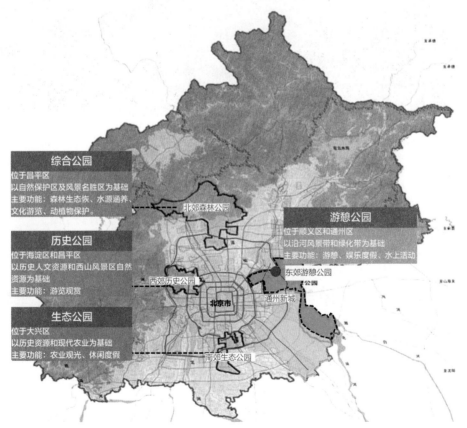

图 2.5.1　东郊湿地的城市生态区位

东郊森林湿地公园占地5936hm^2，分为湿地森林区、华北树木园、印象森林、创意森林、动感森林几个区域。其中湿地森林区486hm^2，东郊湿地位于湿地森林区内的森林休闲互动区，项目范围110.1hm^2。通州是规划中的北京市副中心、国际商务新中心、文化发展创新区以及和谐宜居的示范区，而东郊湿地承载了通州城市升级与新城职能强化过程中的重要生态服务功能（图2.5.2、图2.5.3）。

图 2.5.2　东郊森林湿地公园地理区位

2）水量、水质及水生态的挑战

水量、水质及水生态是本次规划设计面临的挑战。

（1）水量

通过对需水量与供水量的分析发现，整合渗漏量、蒸发量和灌溉量以后的日最低需水量为 11 100m^3，仅靠降雨量（180m^3/d）远远不能满足湿地公园的需要，必须从外部引水，而按照现状湿地规划面积，外部引水量将达到 10 900m^3/d。

（2）水质

通过采样检测，外部可利用水源水质较差，最低超标 1.56 倍（COD），最高超标 8.33 倍（氨氮）。按照要求，该区域内河湖水体主要水质需达到国家 IV 类水标准。

图 2.5.3　项目范围

（3）水生态

场地现状的植被覆盖状况以平原造林指标设计，林分郁闭度为 0.83，场地类型缺乏变化，铺装面积占陆地比例 0.26%；设计语言单一，类型缺乏，生境的类型不满足野生动物栖息需求；现状与湿地公园的需求、通州区域升级的需求差距甚大。

3）设计理念

（1）开源节流

寻找可利用水量与最低需水量平衡点。通过生态设计，日引水量 7000m³。

（2）生态净化

功能湿地与海绵型生态系统双重净化，通过功能湿地与海绵设计达到通州区水环境的要求。

（3）尊重现状，维护现状肌理

充分尊重原有的生态基底，在维护现状肌理的基础上进行生态化的设计。

（4）长效维护，打造四季景观

生态化的设计是平衡维护成本最小化与景观效果最大化的关系的有效手段，以此形成可持续的长效维护，四季皆景。

4）水系统构建

（1）水量平衡

温榆河来水设计水量为 800 000m³/d，水源问题将得到有效解决，同时场地内也不需要考虑下渗的问题。

① 绿化用水：

园区的绿化用水按照 2L/（m² · d）计算，园区绿化用地 79.6hm²，园区绿化用水为 1600m³/d。

② 湿地水面蒸发量：

湿地水面的蒸发量与水底水体的面积、所在区域的蒸发系数、平均蒸发时间相关，经过计算，东郊湿地的每日蒸发量为 1600m³/d。

③ 下渗量：

东郊湿地水面面积 22.4hm²，该区下渗量 100mm/m²，则下渗量 =22 400m³/d 。

总消耗水量 Q= 绿化用水 + 湿地水面蒸发量 + 下渗量 =1600+1600+22400= 25 600m³/d 。

因此，在水源充足前提下，东郊湿地公园最适宜的水量为 25 600m³/d 。

（2）水系形态构建（图2.5.4）

① 缩减水体面积：

根据水量平衡的计算，在本项目中，为了有效节约用水，水体面积没必要一味求大，可通过对水面形态的有机调整，缩减无谓的水体面积。现状水体面积 28.7hm²，调整后的水体面积 22.4hm²，有效缩减水体面积 6.3hm² 。

② 丰富水域生境类型：

对现有岸线进行处理，丰富水系形态，生境类型由原先单一大水面转变为湖、岛、溪、滩、湾、塘六种不同的水域生境，以吸引更多的生物来此栖息。

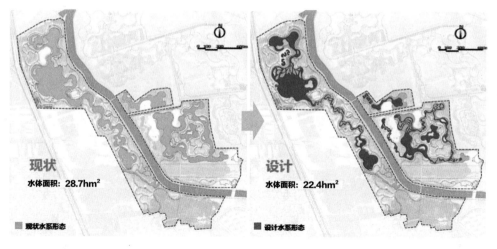

图 2.5.4　水系形态构建

5）海绵型生态系统

（1）海绵设施

根据东郊湿地现状水环境、生态及景观的综合需求，共布设包括功能性湿地、水体、植草沟、雨水花园及其他小海绵体在内的 17hm² 海绵生态系统。以设计年降雨量 32.5mm、调蓄水量 1.2 万立方米、实现 85% 年径流总量控制为目标，将海绵布设分为传输区（14 070 m²）、净化区（61 966m²）、海绵蓄滞生物区（100 964m²）（图 2.5.5）。

图 2.5.5　海绵设施

（2）雨洪模拟分析

利用GIS分析不同重现期降雨历时24h水位变化情况，通过海绵生态系统实现湖体从常水位20m到20.15m的调蓄，实现1.2万立方米、5年一遇雨洪调蓄（图2.5.6）。

6）可持续生境系统

（1）构建途径

通过对森林的规划和养育、湿地水质恢复、生态修复及保育需求，营造适合多种生物生存的栖息地生境，丰富生物种类，形成复杂稳定的生态食物链。

（2）栖息地营造

针对北京本地候鸟及留鸟特性，在陆域以林间修补的方式，打开林窗，优化林相；在滨水地带以水岸修复的方式，构建林下水网，林下增加溪流沟渠，水陆消长带，增加水岸植物层次（图2.5.7）。

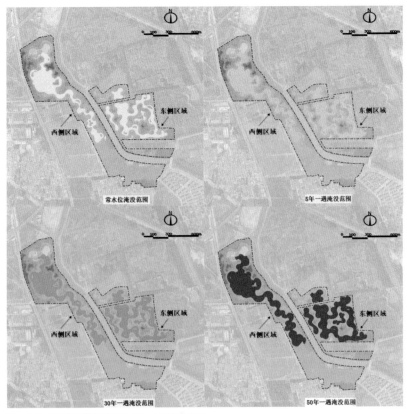

图2.5.6　不同重现期降雨历时24h水位变化情况

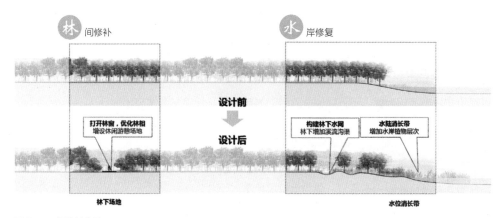

图 2.5.7　栖息地营造

（3）人与自然共处模式

在保证动物栖息地基本完整之后，增设休闲游憩的场地，给人以接近自然及动物的机会，提供科普教育的场地，使人的活动能有机融入环境，形成可持续的生境系统。

7）创新的生态工法

生态工法是一种自下而上，从点状改造进而影响整个水生态环境的技术，是人类探索如何有效提升水资源经营管理技术，使其既能满足水资源利用、水土保持、防洪、灌溉、排水等需求，又能避免过度破坏河川溪流原有的生态环境，尤其是水生生物的存蓄过程的经验。河流的生态工程包括水系河底的改造、驳岸护坡的生态化处理和水生群落的构建几个步骤（图 2.5.8）。

图 2.5.8　新加坡加冷河创新生态工法

常用的驳岸护坡的生态化处理有以下几类：

（1）整坡植栽

当河岸坡度过陡，且无工程构造物因而无法自立时，可将堤岸修整为缓坡，设置平台，并加排水设施；在护坡上方扦插萌芽力强的插枝植栽，种植耐湿性植物。

（2）切枝压条法

在有足够空间的条件下，先将过陡的堤岸整缓，在冬季时将切下的可萌芽枝条压条，待来年春季发芽后即能遍布岸边，成为土壤保护层（图 2.5.9）。

图 2.5.9 切枝压条的生态驳岸工法

（3）地工合成材配合植生法

为弥补纯粹使用植物材料来稳定边坡时短期内可能无法立即抑制坡地冲蚀的状况，可配合使用地工合成材铺设于坡面后回填土壤，再于其上进行植物种植的方法，可立即发挥边坡防蚀功能，也可促进景观的美化。目前合成材包括地工蜂巢及抗冲蚀网等。

（4）箱笼护坡植栽

植栽插在箱笼内石块间的空隙中，箱笼护坡植栽的主要目的是利用扩展到箱笼下方土壤层中的植栽根系，增强箱笼护坡强度，以达到固定箱笼的效果。除此之外，箱笼护坡植栽也起到提供河岸覆盖保护、创造野生动物栖息地、降低河岸的流速并阻拦沉淀物的作用。

8）景观规划

东郊森林湿地公园的景观规划如同做了一场生态与艺术的对话，在保障水源、水质的基础上，将生态海绵体纳入通州整体蓝绿结构，着重于生态保育与修复。在风貌塑造上，注重森林和湿地的协调，突出植被特色，以"林、田、水"特色构建多元林间湿地；在功能方面，注重生态保护与人类活动的协调，丰富林下活动类型，保护和休闲相结合，形成一幅忆古韵文墨之思，享原生自然之境的景观画卷（图 2.5.10）。

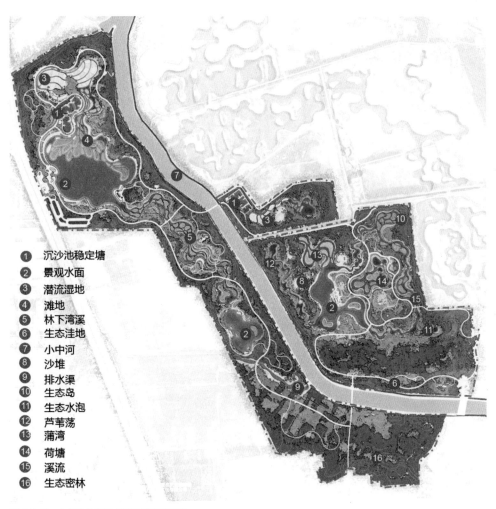

① 沉沙池稳定塘
② 景观水面
③ 潜流湿地
④ 滩地
⑤ 林下湾溪
⑥ 生态洼地
⑦ 小中河
⑧ 沙堆
⑨ 排水渠
⑩ 生态岛
⑪ 生态水泡
⑫ 芦苇荡
⑬ 蒲湾
⑭ 荷塘
⑮ 溪流
⑯ 生态密林

图 2.5.10 东郊森林湿地公园景观规划平面

9）案例小结

东郊湿地森林公园以水资源调配、水系统平衡、水生态构建的视角对现状肌理进行了梳理，从而充分发挥出森林和湿地在城郊一体化发展中所具备的海绵生态系统的能力，最终形成一个水量充沛、水质达标、水生态达到动态平衡的自然湿地，一个还具有生态文化景观效应的综合型人居休闲场所。

2.6 "海绵 +"技术措施

2.6.1 低影响开发技术

1. 低影响开发技术的主要功能

低影响开发技术以控制径流总量为主要目的,通过对多种 LID 设施进行合理布局和使用,实现径流污染控制,尽可能降低地块开发前后水文特征变化(图 2.6.1)。LID 单项设施往往具有复合功能,可以将 LID 设施按主要功能分为以下四类:

1)以下渗功能为主

一般包括下沉式绿地、渗井、透水铺装。

2)以收集和传导功能为主

主要指环保型雨水口、溢流井、传输型植草沟、开口路缘石。

3)以调蓄功能为主

包括渗透塘、湿塘、湿地以及人工调蓄设施等。

4)以净化功能为主

包括雨水花园、高位花坛等生物滞留设施。

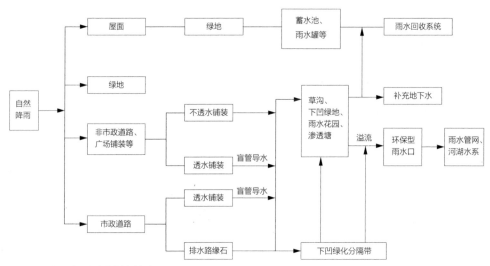

图 2.6.1 低影响开发的整体技术框架

2. 几种常见的 LID 设施

1）雨水花园

雨水花园设计应满足以下要求：

① 雨水花园应低于周边铺砌地面或道路，下凹深度宜 200~300mm，并设置 100mm 的超高。种植土及砾石层厚度根据汇水区水量情况而定，一般换土层深 250~1200mm，砾石层为 250~300mm。

② 周边雨水宜分散进入雨水花园，当集中进入时，入口处应设置缓冲设施。

③ 雨水花园植物应选用既耐旱又耐涝的品种。

④ 溢流口的数量和布局应按汇水区面积产生的流量确定，溢流口竖向应高于蓄水深度，低于周边路面标高。雨水应于 24h 内排空。

适用性：生物滞留设施主要适用于建筑、道路及停车场的周边绿地，以及城市道路绿化带等城市绿地（图 2.6.2、图 2.6.3）。

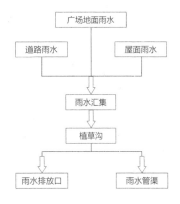

图 2.6.2　雨水花园排水系统

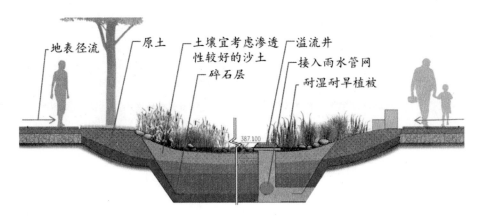

图 2.6.3　雨水花园构造示意

优缺点：雨水花园适用面广，易与景观结合，径流控制效果好，建设费用与维护费用较低，但地下水位与岩石层较高、土壤渗透性能差的地区要采取必要的换土、防渗等措施避免次生灾害的发生，将增加建设费用。

2）雨水湿地

雨水湿地利用物理、水生植物及微生物等作用净化雨水，是一种高效的径流污染控制设施，雨水湿地分为雨水表流湿地和雨水潜流湿地，一般设计成防渗型以便维持雨水湿地植物所需要的水量，雨水湿地常与湿塘合建并设计一定的调蓄容积（图2.6.4）。

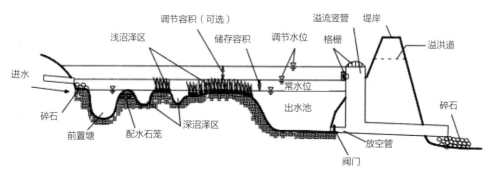

图 2.6.4　雨水湿地典型构造

雨水湿地与湿塘的构造相似，一般由进水口、前置塘、沼泽区、出水池、溢流出水口、护坡及驳岸、维护通道等构成。

雨水湿地应满足以下要求：

① 进水口和溢流出水口应设置碎石、消能坎等消能设施，防止水流冲刷和侵蚀。

② 雨水湿地应设置前置塘对径流雨水进行预处理。

③ 沼泽区包括浅沼泽区和深沼泽区，是雨水湿地主要的净化区，其中浅沼泽区水深范围一般为 0~0.3m，深沼泽区水深范围一般为 0.3~0.5m，根据不同水深种植不同类型的水生植物。

④ 雨水湿地的调节容积应在 24h 内排空。

⑤ 出水池主要起防止沉淀物的再悬浮和降低温度的作用，水深一般为 0.8~1.2m，出水池容积约为总容积（不含调节容积）的 10%。

适用性：雨水湿地适用于具有一定空间条件的建筑与小区、城市道路、城市绿地、滨水带等区域。

优缺点：雨水湿地可有效削减污染物，并具有一定的径流总量和峰值流量控制效果，但建设及维护费用较高。

3）生物滞留设施

生物滞留设施指在地势较低的区域，通过植物、土壤和微生物系统蓄渗、净化径流雨水的设施（图2.6.5）。

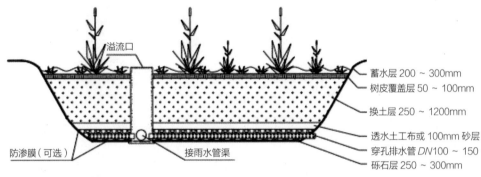

图 2.6.5　生物滞留设施典型构造

生物滞留设施应满足以下要求：

① 对于污染严重的汇水区应选用植草沟、植被缓冲带或沉淀池等对径流雨水进行预处理，去除大颗粒的污染物并减缓流速；应采取弃流、排盐等措施防止融雪剂或石油类等高浓度污染物侵害植物。

② 屋面径流雨水可由雨落管接入生物滞留设施，道路径流雨水可通过路缘石豁口进入，路缘石豁口尺寸和数量应根据道路纵坡等计算确定。

③ 生物滞留设施应用于道路绿化带时，若道路纵坡坡度大于 1%，应设置挡水堰或台坎，以减缓流速并增加雨水渗透量；设施靠近路基部分应进行防渗处理，以防止对道路路基稳定性造成影响。

④ 生物滞留设施内应设置溢流设施，可采用溢流竖管、盖箅溢流井或雨水口等，溢流设施顶一般应低于汇水面 100mm。

⑤ 生物滞留设施宜分散布置且规模不宜过大，生物滞留设施面积与汇水面面积之比一般为 5%~10%。

⑥ 复杂型生物滞留设施结构层外侧及底部应设置透水土工布，以防止周围原土侵入。如经评估认为下渗会给周围建（构）筑物带来塌陷风险，或者拟将底部出水进行集蓄回用时，可在生物滞留设施底部和周边设置防渗膜。

⑦ 生物滞留设施的蓄水层深度应根据植物耐淹性能和土壤渗透性能来确定，一般为200~300mm，并应设100mm的超高。换土层介质类型及深度应满足出水水质要求，还应符合植物种植及园林绿化养护管理技术要求。为防止换土层介质流失，换土层底部一般设置透水土工布隔离层，也可采用厚度不小于100mm的砂层（细砂和粗砂）代替。砾石层起到排水作用，厚度一般为250~300mm，可在其底部埋置管径为100~150mm的穿孔排水管，砾石应洗净且粒径不小于穿孔管的开孔孔径。为提高生物滞留设施的调蓄作用，在穿孔管底部可增设一定厚度的砾石调蓄层。

适用性：生物滞留设施主要适用于建筑与小区内建筑、道路及停车场的周边绿地，以及城市道路绿化带等城市绿地内。对于径流污染严重、设施底部渗透面距离季节性最高地下水位或岩石层小于1m及距离建筑物基础小于3m（水平距离）的区域，可采用底部防渗的复杂型生物滞留设施。

优缺点：生物滞留设施形式多样，适用面广，易与景观结合，径流控制和水质净化效果较好，建设费用与维护费用较低。但地下水位与岩石层较高、土壤渗透性能差、地形较陡的地区，应采取必要的换土、防渗、设置阶梯等措施避免次生灾害的发生，而建设费用将增加。

如遇地形较陡的情况，可采取设计梯级湿地的措施（图2.6.6、图2.6.7）。

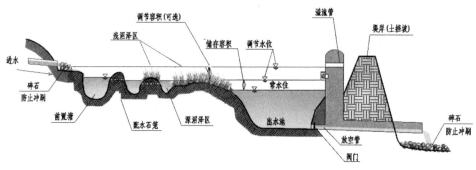

图2.6.6　梯级湿地构造示意

图2.6.7　梯级湿地系统步骤

4）植草沟

植草沟指种有植被的地表沟渠，可收集、输送和排放径流雨水，并具有一定的雨水净化作用，可用于衔接其他各单项设施、城市雨水管渠系统和超标雨水径流排放系统。除传输型植草沟外，还包括渗透型的干式植草沟及常有水的湿式植草沟（生态草沟）。其中干式植草沟和湿式植草沟分别起到提高径流总量和径流污染控制效果（图2.6.8~图2.6.11）。

植草沟应满足以下要求：

① 浅沟断面形式宜采用倒抛物线形、三角形或梯形。

② 植草沟的边坡坡度（垂直:水平）不宜大于1:3，纵坡坡度不应大于4%。坡较大时宜设置为阶梯型植草沟或在中途设置消能台坎。

③ 植草沟内径流最大流速应小于0.8m/s，曼宁系数宜为0.2~0.3。

④ 转输型植草沟内植被高度宜控制在100~200mm。

传输型植草沟

生态草沟

图2.6.8　传输型植草沟和生态草沟示意

图 2.6.9　传输型植草沟结构示意

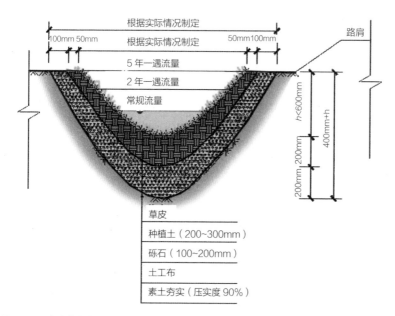

图 2.6.10　生态草沟结构示意

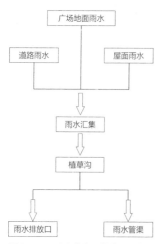

图 2.6.11　生态草沟系统步骤示意

5）渗透塘

渗透塘是一种用于雨水下渗补充地下水的洼地，具有净化雨水和削减峰值流量的作用（图2.6.12、图2.6.13）。渗透塘应满足以下要求：

① 渗透塘前应设置沉砂池、前置塘等预处理设施，去除大颗粒的污染物并减缓流速。有降雪的城市，应采取弃流、排盐等措施防止融雪剂侵害植物。

② 渗透塘边坡坡度（垂直：水平）一般不大于 1 ：3，塘底至溢流水位一般不小于0.6m。

③ 渗透塘底部构造一般为 200~300mm 的种植土、透水土工布及 300~500mm 的过滤介质层。

④ 渗透塘排空时间不应大于 24h。

⑤ 渗透塘应设溢流设施，并与城市雨水管渠系统和超标雨水径流排放系统衔接，渗透塘外围应设安全防护措施和警示牌。

适用性：渗透塘适用于汇水面积较大（大于 1hm^2）且具有一定空间条件的区域，但

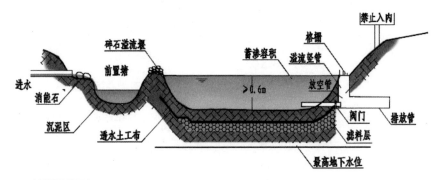

图 2.6.12　渗透塘构造示意

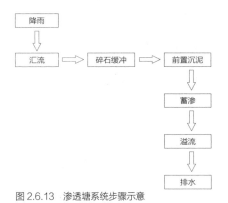

图 2.6.13　渗透塘系统步骤示意

应用于径流污染严重、设施底部渗透面距离季节性最高地下水位或岩石层小于 1m 及距离建筑物基础小于 3m（水平距离）的区域时，应采取必要的措施防止发生次生灾害。

优缺点：透塘可有效补充地下水、削减峰值流量，建设费用较低，但对场地条件要求较严格，对后期维护管理要求较高。

6）透水铺装

透水铺装按照面层材料不同可分为透水砖铺装、透水水泥混凝土铺装和透水沥青混凝土铺装，嵌草砖、园林铺装中的鹅卵石、碎石铺装等也属于透水铺装。透水铺装结构应符合《透水砖路面技术规程》（CJJ/T 188—2012）、《透水沥青路面技术规程》（CJJ/T 190—2012）和《透水水泥混凝土路面技术规程》（CJJ/T 135—2009）的规定（图2.6.14）。透水铺装还应满足以下要求：

① 透水铺装对道路路基强度和稳定性的潜在风险较大时，可采用半透水铺装结构。

② 土地透水能力有限时，应在透水铺装的透水基层内设置排水管或排水板。

③ 当透水铺装设置在地下室顶板上时，顶板覆土厚度不应小于600mm，并应设置排水层。

适用性：透水砖铺装和透水水泥混凝土铺装主要适用于广场、停车场、人行道以及车流量和荷载较小的道路， 如建筑与小区道路、市政道路的非机动车道等；透水沥青混凝土路面可用于机动车道。

应用于以下区域时，还应采取必要的措施以防次生灾害或地下水污染事故的发生：

① 可能造成陡坡坍塌、滑坡灾害的区域，湿陷性黄土、膨胀土和高含盐土等特殊土壤地质区域。

② 使用频率较高的商业停车场、汽车回收及维修点、加油站及码头等径流污染严重的区域。

优缺点：透水铺装适用面广、施工方便，可补充地下水并具有一定的峰值流量削减和雨水净化作用， 但易堵塞，寒冷地区有被冻融破坏的风险。

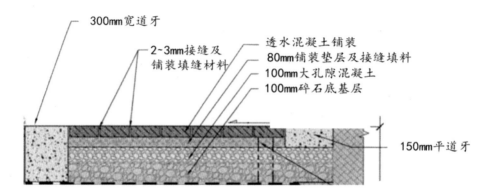

图 2.6.14　透水铺装构造示意

2.6.2 河湖水体治理技术

河湖水体治理的技术主要以原位水质净化与智慧监测管理技术为主。主要集成技术可概括为底泥污染控制（Sediment Pollution Control）、微动力恢复（Hydrodynamic Recovery）、水体净化（Water Purified）、应急预警（Emergency Warning），即 SHWE 河湖水体治理技术体系。

1. 底泥控制

底泥控制是为防止底泥对水体进行二次污染，通常采用生态疏浚或生态固定技术。如微生物强化降解底泥技术，能有效耦合、螯合、固化废水中的六价铬、汞、镉、砷等重金属，能有效降低剩余底泥中的水分含量，使其减量化，能有效去除污染河流水体中的有毒有害物质，消除"水华"和黑臭现象，增加水体生物的多样性增强水体自净功能。

2. 微动力恢复

微动力恢复目前应用效果较好的是微纳米技术，用纯氧纳米气泡增氧，是 21 世纪的最新技术。该技术属于国外黑臭河道治理与污染水环境修复的最先进技术之一，已经成功被我国引进，并且在国产化设备制造方面取得突破。纯氧纳米气泡增氧技术在一些环境治理工程上得到应用，效果很好。将高浓度的纳米气水混合液充入污染水体，使水体溶解氧量快速增加，污染物被氧化、分离，黑臭现象减弱并逐步消除，水质改善，水体透明度逐步提高，水体活性被强化，水生态开始修复，生态系统良性循环建立。纳米气泡表面呈负电荷状态，能对污染物产生较强的吸附作用。纳米气泡在水中长时间滞留，使其有充分的时间、空间与污染物发生相关反应。纯氧纳米气泡水生态修复技术可以快速提高水体溶解氧，激活微生物，实现污染物的去除和有机底泥的消解，消除水体黑臭。

3. 水体净化

1）除氮剂

除氮剂是一种架状构造的改性矿物产品，主要化学成分是氧化硅和氧化铝。除氮剂包括两种类型：I 型活性除氮剂和 II 型生物除氮剂。I 型活性除氮剂由于其独特的内部结构，对 NH_3 极性分子具有很强的亲和力。投入水体后，I 型活性除氮剂会将水体中的氨离子（NH_4^+）吸附到其表面，随后，NH_4^+ 会将除氮剂产品中的无害阳离子置换出来，而 NH_4^+ 则被锁定在产品结构中，完成阳离子交换过程。被锁定在 I 型活性除氮剂中的 NH_4^+ 不再被释放出来，并能够被水体中的微生物吸收转化，最终转化为氮气（N_2），回到大气中。II 型生物除氮剂除氮过程与 I 型活性除氮剂的离子交换吸附过程相同，除此之外，II 型生物除氮剂还可成为除氮微生物的载体，通过黏附在产品表面的微生物膜进行生物除氮。在这一过程中，微生物的作用至关重要。Ⅱ型生物除氮剂产品中含有的微孔结构，不仅能够发挥其优良的吸附性能，还能作为微生物载体，通过微生物作用去除水体中各种形态的氮。国内很多海绵工程引进了国外高效生态安全的微生物降解技术，强化降解过程，进一步降低了水中有机物污染浓度，增强了降解难物质的降解效果。

2）除磷剂

除磷剂是通过改性黏土制成的产品，主要成分是氧化硅和氧化铝以及其他特殊成分。此外，还含有少量的氧化钙、氧化镁、氧化铁等，能够有效地除去水体中的滤过性活性磷。活性磷是指存在于水体中的总正磷酸盐，不包括结合在复杂的有机或无机化合物上不能通过 0.45 μm 滤膜的磷酸盐；一旦除磷剂沉入河流水底，将在底泥表层形成薄薄的黏土膜以阻止底泥中的活性磷再次释放到水体中。虽然现在已发现有多种化学制品能够用于移除水体中活性磷，但工程实践证明除磷剂仍是最经济和有效的技术手段。

3）高效复合与固化微生物

一方面通过载体固着，通过离子吸附、包埋、交联、共价结合等生物工程手段，将多种特定选配的优势微生物"母体"固定"睡眠"于一个多酶体载体中。另一方面，通过强大的微生物工程技术和经验对自然界中的微生物进行驯化，并筛选出具有特殊功能的菌种。通过吸附、包埋等高科技手段使其"母体"植于载体中。其技术特点是：①微生物密度高，具有更强劲的除污能力。②长期有效：载体内的微生物母体受到了特殊保护，可持续释放微生物，避免衰减。③反应速度快：短时间内，微生物就可以发生作用，解决了传统技术每次启动时间长的问题。④高效广谱：可降解从结构简单的污染物至结构复杂的有机污染物。⑤运行稳定：有极强的耐受有毒物质和负荷变化的冲击能力，确保系统的稳定性。⑥绿色环保：可去除河湖底泥，去除臭味，杜绝二次污染。

4）多功能复合生态帘污染物降解技术

采用高强度复合材料作为生态复合帘骨架，经多种污水处理的微生物载体与生态友好型功能材料科学组装而成。根据污水性质、独立功能组件、任意排列组合、模块化设置、集成式安装，可以根据河道、渠道宽度与特点随意安装。处理效果：经小试、中试，结果效果良好，可有效去除有机污染物、TN、NH_3-N、TP 等多种污染物及其他有毒有害物质，消除"水华"和黑臭现象，增加水体生物的多样性，并增强水体自净功能。技术优点：原位修复，不占用稀缺的土地资源；不使用任何有害化学物质，是生态与绿色技术；减污效果领先，创新性明显；能够同时处理多种污染物（硝酸盐、磷酸盐、NH_3-N、有机碳、藻类、重金属以及悬浮固体等）；

无需大规模工程；美化环境景观，提高其娱乐性；布设快速，可以现场施工；投入少，效益高，维护成本低，运营成本低；能够与其他水处理技术及系统有效整合与集成；应用区域广泛，应用气候条件多样；依靠自然做功，不需要投入能量即可运行；不破坏原始环境。

5）高效人工水草降解污染物技术

本技术具有稳定性好，使用寿命长的优点，由于生物带是由惰性高分子材料制成，使用年限达十年以上。比表面积大，生物带的比表面积大于 $50000m^2/m^3$。表面有一层特殊生物涂层，有利于微生物固定和生长，挂膜速度加快，不同的微生物生长在生物带上，形成具有硝化、反硝化、除 COD、聚磷等不同的处理效果。具有较强的表面吸附性能，能够大量吸附、聚集水中细小悬浮物，然后由微生物进行分解（图 2.6.15）。

6）强化型生态浮岛

强化型人工浮岛在水中形成水上生境平台，水上植物吸引鸟类、昆虫、两栖类动物，为其提供生态栖息空间，水下微生物为鱼类等提供丰富的饵料，吸引水生动物（图 2.6.16）。

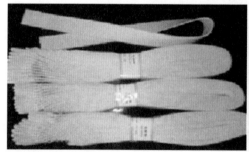

图 2.6.15　人工水草示意

图 2.6.16　强化型生态浮岛示意

7）人工湿地

根据不同条件，分别设计复合流人工湿地、潜流人工湿地、表面流人工湿地，根据不同的水环境状况应用不同的人工湿地模式（图 2.6.17）。

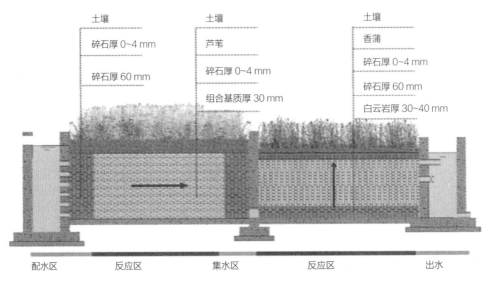

图 2.6.17　复合流人工湿地剖面

4. 水质监测与应急预警

通常以线下监测与平台监测结合为主。例如可采用国际先进的水动力 - 水质动力学模型 IWIND-LR 模型软件，构建水质监控与应急预警平台，建立水系三维水质水动力模型，实时进行水质监测、水动力模拟及水生态响应定量评估。

可基于三维数值模型的水体富营养化及水质动态变化模拟预警，监测并模拟水体氮磷营养盐及其他污染物浓度变化，及时作出应急预警响应技术措施（图 2.6.18）。

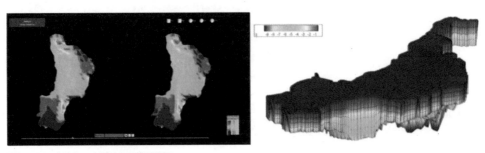

图 2.6.18　水动力 - 水质动力学模型展示

2.6.3 生态修复技术

生态修复技术主要以恢复水体岸带结构及生境空间为主。可概括为缓冲带、驳岸、水域空间、生境建设生态四要素修复技术体系。

1. 河岸生态缓冲带构建技术

通过构建河岸生态缓冲带，恢复与重建河岸带乔－灌－草的植物群落，减缓地表径流速度、截留初期雨水与地表径流中的氮、磷、农药、化肥等污染物。生态缓冲带坡度一般为2%~6%。

河岸生态缓冲带建设不仅费用低廉、维护方便、截污高效，而且能为城市居民提供休闲游憩的空间，同时也可作为城市水系的滨水绿化带（图2.6.19）。

2. 侵蚀护岸边坡修复

主要通过三种方式：①利用木桩、石笼、块石护砌。②硬质护岸边坡柔化与改造，包括垂直绿化、自然块石、木桩护岸、砂石土柔化改造。③自然护岸边坡恢复，包括固坡植物、水生植物搭配种植并与自然材料结合护岸（图2.6.20）。

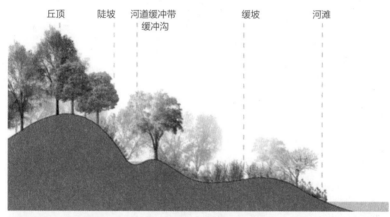

图 2.6.19　河岸缓冲带结构示意

图 2.6.20　侵蚀驳岸边坡修复方式示意

3. 河岸带湿地恢复与重建技术

依据湿地生态学原理，对退化的河岸带湿地进行恢复，对已消亡的湿地进行重建，建立河岸带天然污水处理厂，增强河流自净能力。主要以恢复湿地植被结构为主，依据河岸带水深，从岸边向水体依次种植挺水、浮水、沉水植物，形成河岸湿地。河岸湿地恢复与重建可因地制宜，通过合理设计可取得较好的景观效果（图 2.6.21）。

图 2.6.21　河岸带湿地恢复意向

4. 生境构建技术

在岸线平面布置上尽可能保持天然河道的蜿蜒特征，保留河流的现有岔弯，为各类水生动植物创造良好的繁衍空间。通过营造深槽、浅滩（心滩、边滩）、孤岛、小型汀洲、河底堆石等微地貌，构建多样的生境；使河床、低河漫滩、高河漫滩表面发育多样的河流微地貌，形成多样的生境，增加了生物多样性，提升了河流自净能力，恢复与重建高自净能力的河流生态系统。在河道凹岸采用原木树桩、巨石块进行生态化改造，种植湿生植物，创建水生动物栖息地（图 2.6.22）。

5. 水生生态系统恢复技术

通过构建浮游植物—浮游类（含原生动物）—浮游动物（轮虫、桡足类、枝角类、甲壳类等）—滤食性鱼类食物链，在恢复水体生产力的基础上，构建河流生态系统，进而提高水体生产力，恢复生态系统功能，改善水环境质量（图 2.6.23）。

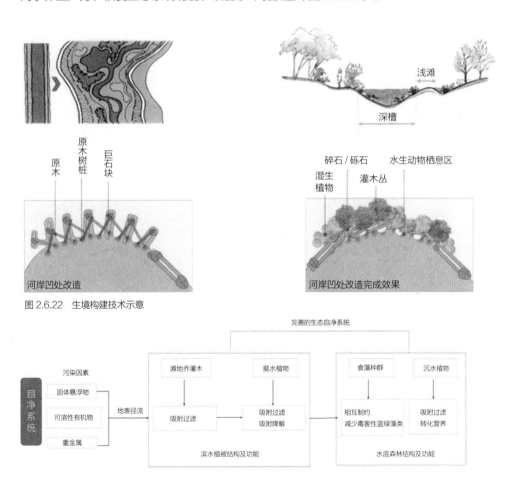

图 2.6.22　生境构建技术示意

图 2.6.23　水生生态系统结构恢复原理

3

海绵城市建设实践案例

3.1 贵州省贵安新区"两湖一河"水环境治理＋岸带 LID 建设

3.1.1 项目概况

1. 项目概况

贵安新区"两湖一河"项目位于贵州省贵安生态新城，北临清镇都市产业新城，南近马场科技新城，规划用地面积 43.25km²。2015 年 4 月，贵安新区成功入围全国首批 16 个海绵城市建设试点，是 16 个试点城市中唯一——个全部为新建区域的国家级新区，通过海绵城市的建设，进行城市蓝绿系统的统筹。

贵安新区核心区地形高程总体上西高东低、南北高中间低，主要用地高程在 1200 ~ 1300m 之间；多年平均降水量 1157.8mm，降水主要集中在 5 ~ 10 月；贵安新区内土地资源丰富，其中耕地、林地、水域等面积最广且类型丰富。

2. 设计范围

"两湖一河"公园由月亮湖公园、星月湖公园和车田河构成，位于贵安新区中心区核心位置，总体设计范围约 668hm²，其中星月湖公园总用地面积 200hm²，月亮湖公园总用地面积约 468hm²（图 3.1.1）。

图 3.1.1 设计范围示意

3. 功能定位

打造贵安新区"一核三区多廊道"的生态格局和构建环城水系，形成"一环、两河、十四湖"的规划布局。

在构建城市生态水系为核心、着力打造滨水公园景观的同时，布局城市污水系统，控制区域水体污染，力争成为城市海绵建设的示范项目，形成营城理水、守望自然的海绵城市，适地而生、依水塑景的海绵网络，珠联璧合、充满活力的海绵空间。

4. 区域海绵功能

在水文化功能方面，提出"一心、一带、三片、六廊"的规划结构，将车田河定位为展现都市风貌的魅力之河，由月亮湖、星月湖、湖潮生态湿地构成车田河绿带，并结合月亮湖和星月湖等城市湿地公园的建设，将贵安新区建设成为以山水园林为特色、指标领先的国家生态园林城市。

在水环境功能下，车田河水系作为污染控制的最后一道屏障，需构建安全可靠的雨水污染控制措施，确保进入水系的雨水不对水体水质造成冲击破坏。在源头、迁移、汇集三个不同阶段分别采取适宜的污染控制措施，从而实现城市径流污染的有效削减，降低对受纳水体的污染影响，改善水环境质量。

在水资源功能方面，贵安新区地处长江流域与珠江流域分水岭地带，年降水量总体丰沛，但年内分配不均匀，工程性缺水严重。为最大限度的保护河流、湖泊、湿地等水生态敏感区，保留涵养水源的林地、草地、湿地，应尽量维持城市开发前的自然水文特征。同时，利用现状水库，增加拦水坝和滞蓄湖，有效地进行雨水收集，可以防止内涝并补充水源。

在水安全方面，车田水系流经贵安新区核心区，需确定百年防洪和 50 年防涝的标准，在环城水系中通过筑坝成湖，抬高水面，将洪水期水位高程控制在合理范围内，不影响河流行洪，构建蓝绿空间，通过对水系及湿地、河岸蓄滞洪区、绿地及广场、可淹没地块等空间的组织，与地下排水管网系统有机衔接，应对极端天气时的"超标洪水"。完善雨水管网建设，保障畅通的雨水排放通道，避免形成内涝点积水。

在水生态功能方面，通过打造核心区生态滨水廊道，营造娱乐休闲、储蓄雨水双重功能的城市空间。建立初期雨水调蓄设施和滨水隔离缓冲带，通过植物的过滤、吸收、滞留和转化等作用减少或消除进入地表及地下水中的污染物，防止城市点源和面源污染物随初期雨水进入自然水体。保留涵养水源的林地、草地、湿地，尽量维持开发前的自然水文特征。

3.1.2 现状问题

贵安新区的海绵城市建设分别根据规划场地内的绿地系统、路网系统、水系统、铺装系统及构筑系统五大要素进行分析,并以此为条件进行汇水分区、径流污染分区设计及雨量计算。将海绵设计的相关生态化措施与滨水公园和水系、绿地系统设计、景观打造等进行良好结合。

针对上述目的,场地内部存在的问题有:汛期车田河大部分渠道低洼地会被淹没,生态和景观功能差,存在内涝风险;入口湿地植物配置品种及规模过小,不能发挥土壤、微生物、植物的相互协调作用,水生态系统不够完善;污水收集不完全,存在分散生活点源污染情况;新区内农耕发达,缺乏农业面源污染的综合控制措施,影响水体水质。

3.1.3 海绵设计总体目标

1. 总体思路

贵安新区海绵城市设计需要以水安全保障为前提,水环境改善为核心,水资源保护为重点,水生态修复为底线来制定海绵城市的具体措施(图 3.1.2)。

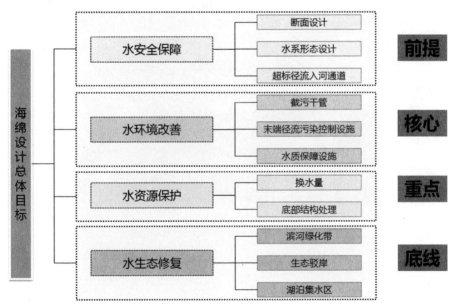

图 3.1.2　总体设计思路

2. 水安全保障

水系断面需按照百年防洪和 50 年防涝标准上位规划断面的宽度要求,在环城水系规划要求下,通过修建拦水坝和挡流堰来满足雨季的防洪排涝要求和旱季时的水景观效果;示范区内各类型海绵建设项目以水系标高为基础，优化地块竖向高程，形成整体坡向水系、有利于排水的地形；利用道路、绿带等营造地表漫流通道。超出海绵设施与管网容纳能力的雨水经地表漫流通道就近汇入"两湖一河"及其支流，车田河作为雨洪调蓄枢纽，综合提高区域排水防涝能力；通过蓄排结合，保持开发前后峰值流量不增加（图 3.1.3~ 图 3.1.6）。

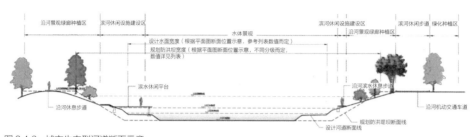

图 3.1.3　城市生态型河道断面示意

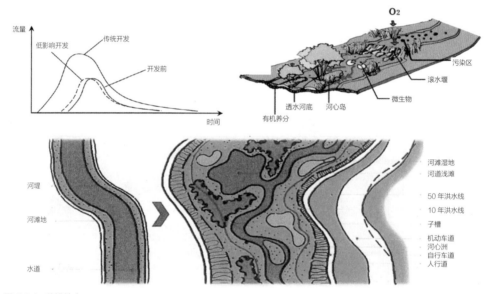

图 3.1.4　蓄排结合

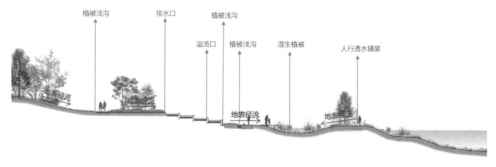

图 3.1.5　雨水组织流向示意

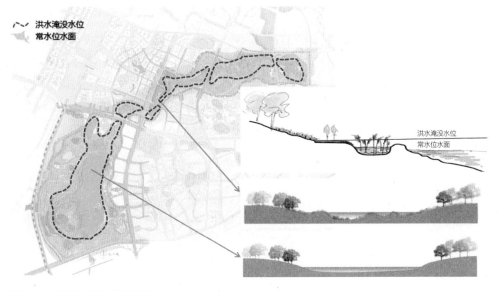

图 3.1.6　常水位、洪水位断面示意

3. 水环境改善

综合考虑新区总体、控规以及海绵、水系等相关规划对于两湖一河区域 Ⅲ 类水体水质的要求，分析可能会对车田河流域水质产生影响的市政雨水排口、周边自然村落排水等因素，确定进入两湖一河区域的外围雨水汇水分区，划定水环境改善的海绵设施建设区域，在雨水排放口处设置末端径流污染控制设施，净化入河雨水水质；结合景观设计和海绵设计理念，强化生态湿地功能，构建生态湿地作为雨水入河前的最后一道屏障措施，用来处理城市雨水并控制径流水量。通过生态植被吸收作用清除污染物，同时对雨水口和入湖支流进行水质的实时监测。在湖体内部通过设置浮动湿地、水下森林、曝气设备保持水体的自净化能力。

1）截污干管

建设并完善沿河两岸截污干管敷设工程，保障区域污水收集通道。针对农村污染源，通过建设一体化污水处理设备行进源头治理，分类管控，将处理后的污水配水到建造的潜流湿地及生态湿地上，结合湿地净化排入自然水体水质（图 3.1.7）。

2）末端径流污染控制措施

考虑到设计范围内水环境极其敏感，在雨水排放口处设置末端径流污染控制设施，在末端净化入河雨水水质。通过雨水管网排入湖体的地表径流首先经过水力旋流装置进行预处理，出水排入雨水湿地。水力旋流装置主要去除 SS，防止雨水湿地的堵塞。雨水湿地布置于河岸上，兼具地表径流的调蓄和净化功能，为地表径流污染的主要控制设施，针对 SS、COD、NH₃-N 和 TP 进行净化。在河岸平面面积不足或竖向不允许、布置雨水湿地有困难时，可在水体中布置浮动湿地及水下森林和植物拦截带，作为雨水湿地净化设施的替代和补充，针对 SS、COD、NH₃- N 和 TP 进行净化（图 3.1.8 ~ 图 3.1.10）。

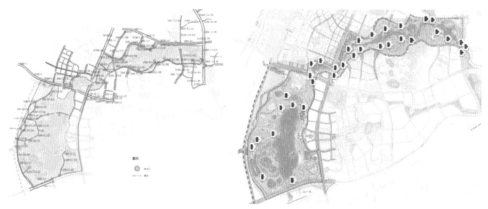

图 3.1.7　两湖一河区域及周边市政雨水工程规划及雨水排口分布

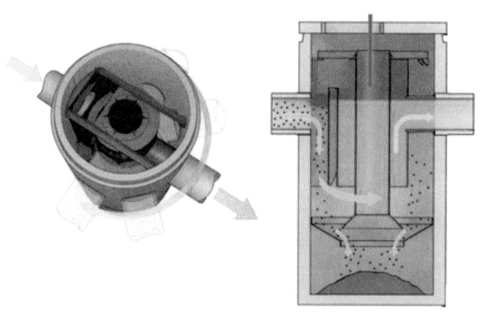

图 3.1.8　水力旋流器平面剖面示意

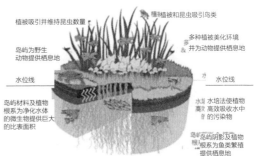

植被吸引并维持昆虫数量

植被和昆虫吸引鸟类

岛屿为野生动物提供栖息地

多种植被美化环境并为动物提供栖息地

水位线

水位线

岛屿材料及植物根系为净化水体的微生物提供巨大的比表面积

水培法使植物高效吸收水中的污染物

岛屿阴影及植物根系为鱼类繁殖提供栖息地

图 3.1.9　生态浮岛意向（图片来自网络）

图 3.1.10　水下森林（左）植物拦截带（右）

3）水质保障措施

为保持月亮湖及星月湖地表Ⅲ类水质，增强水体的自净能力，采取推流曝气及太阳能复氧设备加强水质稳定（图 3.1.11、图 3.1.12）。

水下推流曝气器有高效原位净化、增强水体流动、提高水体中的溶解氧、较大程度地恢复水体自净能力的功能。可在湖体的边角死水区域进行布置，实现水体边曝气边流动。太阳能复氧设备以太阳能为能源进行水体复氧，快速改善水体溶解氧环境，抑制黑臭、削减底泥，提高水体透明度，抑制藻类过度生长，主要布置在竖向浅层水域，可与浮动湿地配合布置，有效改善水生植物及微生物生长环境。

图 3.1.11　推流曝气效果　　　　　　图 3.1.12　太阳能复氧设备

4. 水资源保护

在换水周期方面，为满足Ⅲ类水质标准要求，实施马场河向月亮湖补水工程后，湖区水体每季度需要置换一次。在渗透条件分区控制中，项目所在区域表层土土壤渗透系数约为 4×10^{-6}m/s，日均渗透 20cm；由于渗透较快，河道不易存水。常水面片区，通过黏土、亚黏土等，控制渗透速度在 2cm/d 左右。

5. 水生态修复

1）滨河及湖景观带全面落实海绵城市建设要求

通过合理的竖向控制、雨水组织和低影响设施的建设，全面落实海绵城市建设要求。场地内地形相对平坦，不能很好地组织雨水径流，需要通过海绵化设施建设提高雨水收集、下渗、净化能力。主要体现在建筑及周边海绵设施、生态停车场、海绵道路系统、蓄水设施的建设。场地内不建设市政雨水管渠系统（图 3.1.13）。

2）水系及湖泊集水区范围内融入海绵城市元素

地形坡度较大，主要是顺坡流向河面方向，雨水自身能够依靠地形产生径流组织；外围雨水管网的主要出水口位于该区域，水流需要通过海绵化末端径流污染控制设施加以引导，提高雨水净化、汇流、排放能力（图 3.1.14~ 图 3.1.20）。

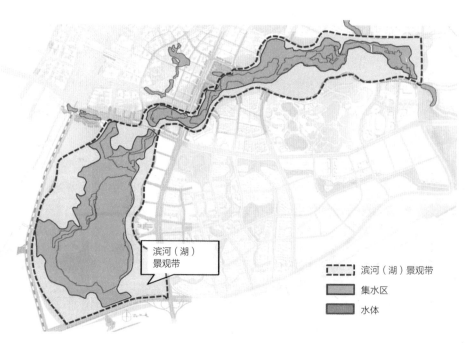

滨河（湖）景观带

⌐ ˥ 滨河（湖）景观带
　　集水区
　　水体

图 3.1.13 滨河及湖景观带分布

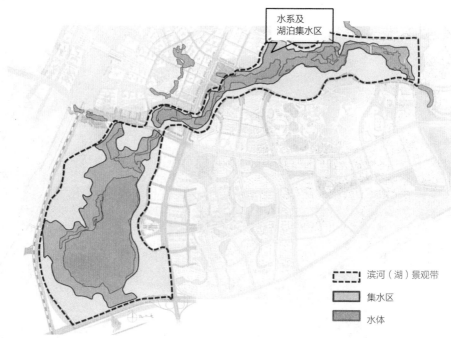

图 3.1.14 水系及湖泊集水区分布

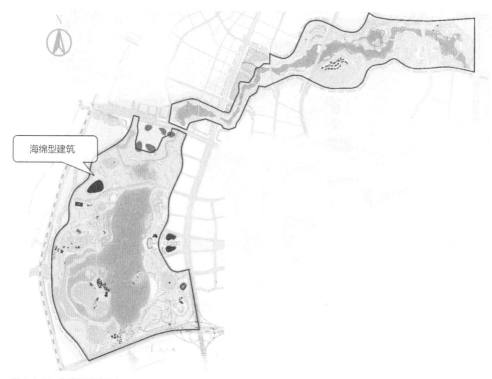

图 3.1.15 海绵型建筑分布

图 3.1.16　建筑外排水、砾石渠、雨水花园

图 3.1.17　生态停车场分布

图 3.1.18　生态停车场示意

图 3.1.19　水系布局　　　　　　　图 3.1.20　滨河及湖景观带海绵设计要素整合

3.1.4　总结

本项目从水安全保障、水环境改善、水资源保护及水生态修复 4 个层面系统阐述了海绵城市理念在河湖水环境方面的应用。海绵城市理念不仅是贵安新区海绵城市试点建设的重要组成部分，同时也为河湖水环境治理提供了一种新的可能性。

3.2 2016 年唐山世界园艺博览会 LID、景观建设、生态修复

3.2.1 项目概况

唐山是煤炭型工业城市，被誉为"中国近代工业摇篮"。140 余年的煤矿开采，使唐山形成以南湖为核心的大面积采空区，严重限制了城市的发展。从 1996 年底开始，经过 20 多年的不懈努力，今日的南湖绿树成荫、花团锦簇、湖光山色，已成为唐山的风景名胜和亮丽的城市名片；2010 年，南湖获得 2016 年世界园艺博览会的承办权。这是首次利用采煤沉降地，在不占用一分耕地的情况下举办的世园盛会。2016 年又恰逢唐山抗震四十周年，可以向世人展示唐山抗震重建和生态治理恢复成果。唐山南湖公园是融自然生态、历史文化和现代文明为一体的大型城市中央生态公园。它的建设推进唐山市由资源型城市向生态型城市的转型，为全国 130 多个资源型城市转型提供了蓝本。

3.2.2 设计策略

1. 废弃物的回收利用

景观建设与生态科普回收利用艺术园中绝大多数景观都是利用废弃物制作而成，包括建筑废品、生活废品和工业废品，利用被丢弃的废弃物为参观者呈现一个变废为宝的神奇世界，展园通过垃圾废弃物的三个类型，呈现了三种不同含义的艺术造型，告诉参观者环境的破坏与人类活动息息相关，废弃物也有它的利用价值，回收再利用是环境保护的重要手段（图 3.2.1）。

工业垃圾回收利用科普区通过小品雕塑和说明性展示台介绍了工业垃圾的种类和工业废料对环境的影响，也展示了唐山工业发展对唐山的环境造成的影响。生活垃圾回收利用科普区包括用生活废弃物制作的雕塑小品和集装箱展示台，向人们介绍生活垃圾的分类与利用价值，

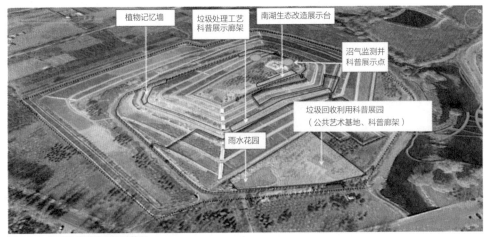

图 3.2.1 工业垃圾回收利用科普区

也展示了垃圾山变成凤凰台的发展过程。建筑垃圾回收利用科普区通过展示廊与景墙介绍了建筑垃圾的类型与利用价值,并展示了唐山城市建设的发展历程。

2. 生态修复重塑南湖城市空间

唐山南湖公园直面了煤炭采空区与曾经的地震塌陷带带来的场地挑战,通过完善区域用地规划和交通规划,采用景观策略,将生态修复、绿色产业、居民就业、旅游发展等功能相结合,实现绿色生活与产业发展的高度一体化;组织多层次的生态体系,合理利用现有资源,以期达到区域内部合理生态循环。将一个曾经的城市垃圾、工业废料的堆积场和生活污水的排放地,借助世界园艺博览会改造成为市民日常使用的人气公园。

3.2.3 生态技术应用

1. 垃圾山生态修复

垃圾山位于大南湖西南侧,占地 9.2hm^2,是 2008 年经市政封场覆盖建设完善后的 50m 高、内部封存 450 万立方米各类垃圾的几何形台地。环境工程专家对垃圾山的封场构造以及潜在危险性进行了缜密的安全分析与评估,认为为防止残余渗漏液和气体溢出对环境产生影响,暂时不宜打开封场覆膜,同时应采取措施应对降雨或植物灌溉可能产生的新沼气和渗流液甚至滑坡危害。基于此,设计师采用景观策略处理垃圾山"表皮",完善其对雨水的收集引导、减排和净化,防止雨水渗入垃圾山内部造成其中所含污染物随水分溶出,产生二次污染。同时,栽植耐晒、耐寒、耐旱、须根发达且根系不深的低矮灌木、地被、宿根花卉、藤本类等适宜植物,辅以技术措施提高植物生长量,保障植物长势良好,并防止根系穿刺(图 3.2.2)。

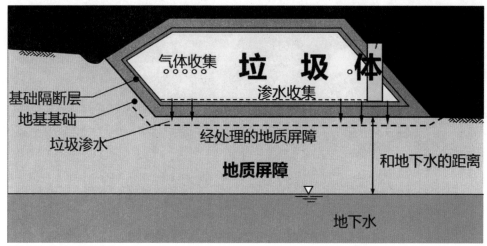

图 3.2.2 垃圾山处理示意

2. 粉煤灰山生态修复

粉煤灰山位于大南湖东北侧，占地 $25.6hm^2$，原址为唐山城市各种垃圾以及电厂粉煤灰等工业废弃物的汇聚地。设计以恢复生态学理论为基础，将岩土工程技术和生态工程技术有机地结合在一起，立足于既保证粉煤灰山体的稳定和安全，又合理利用现有条件及废弃资源，组织多层次的生态体系，逐步建立健康、稳定、可持续的山地生态内循环模式。通过模仿自然界的山泉跌水，对山体径流进行促渗减排，进而削减径流负荷及可能发生的次生污染，最大限度地实现雨水在山体内的积存、渗透和净化，促进雨水资源利用和生态环境保护（图 3.2.3、图 3.2.4）。

图 3.2.3　粉煤灰山修复后鸟瞰

图 3.2.4　粉煤灰山水系鸟瞰

3. 低影响开发策略的广泛应用

国内展园位于粉煤灰山东侧，占地 14.7hm²，原址为采煤沉降形成的坑塘，是区域暴雨径流、污水排放，以及各种垃圾、粉煤灰等工业废弃物的汇聚地。规划拟基于该场地，建设中国六大经典园林流派、共计 29 个城市展园。为缓解国内展园高强度建设给场地带来的不利影响，采取了低影响开发策略，使区域建设后尽量接近于自然的水文循环并完善大小南湖水系，通过更新场地设计策略，结合生态植草沟、下凹式绿地、雨水花园、绿色屋顶、地下蓄渗、透水路面以及物质循环利用等技术措施，实现工业废弃物就近利用，雨水原位收集、自然净化、回补地下水等功能，减小开发对环境的冲击，实现区域可持续水循环，同时创造多功能的景观（图 3.2.5）。

图 3.2.5　现代展园 LID 海绵设施建设后效果

4. 生态浮岛的尝试

针对南湖水体，采取原位生物修复方式，利用生态浮岛特殊土壤介质和植物的根系，吸收南湖水体中的富营养化物质（例如 TP、NH₃-N、有机物等），使得水体内的富营养物质得到转移、削减，减轻水体由于封闭或自循环不足带来的水体腥臭、富营养化现象，并为水生生物提供栖息空间（图 3.2.6、图 3.2.7）。

3.2.4　建设成效

南湖生态城核心风景区通过实施生态修复、景观绿化、湖面拓展和历史文化遗产挖掘等系列生态化改造和文化建设项目，拓展了城市发展空间，提高了城市宜居宜业度，带动了周

图 3.2.6　南湖生态浮岛

图 3.2.7　南湖建设后生态效果

边片区土地升值和城市开发，生态环境的改善产生了巨大的经济、生态和社会效益。

在经济效益方面，随着南湖的生态环境越变越好，土地价值得到提升，诸多知名地产开发企业争相进驻。随着环境的深度治理与改善，唐山市政府将南湖生态城定位为新行政中心、城市生态绿核、商贸物流集散地、文化创意产业中心、商务休闲中心，产业结构得到优化，南湖生态城从城市"后院"转变为城市"核心"。

在生态效益方面，通过增加水域和绿植的覆盖面积，极大改善了区域小气候和生态环境，城市"热岛效应"得到明显改观，南湖生态城现已成为一座城中有水、水中有山、满眼皆绿、山水相依的田园生态城市。

在社会效益方面，唐山借南湖之名，相继成功举办了中国唐山南湖国际城市雕塑创作营、世界旅游小姐大赛、中国－东欧国家地方领导人暨河北省国际经济贸易洽谈会、世界园艺博览会等大型活动。这些活动的成功举办既展示了新唐山的神韵和魅力，又增加了市民的幸福感和归属感，提升了城市的知名度和美誉度。现在南湖不仅成为唐山人民的幸福家园和休闲胜地，也吸引着京津乃至全国游客。

南湖生态城在改善人居环境方面贡献突出，先后获得了"中国人居环境范例奖"、联合国"迪拜国际改善居住环境最佳范例奖"、联合国人居署"HBA·中国范例卓越贡献最佳奖"，首批"全国生态文化示范基地""中国最佳休闲中央公园"，成为我国第一个承办世界园艺博览会的地市级城市。

中国有 118 座资源型城市，其中煤炭资源型城市有 63 座。而 63 座煤炭资源型城市中，又有 16 座被列为资源枯竭型城市，占被确定为资源枯竭型城市总数的 36%。唐山世园会向其他城市展示了如何让工业城市走向绿色的未来，为其他煤炭资源型城市更好的解决工业衰退所带来的社会与环境问题提供借鉴。

3.3 太湖流域丹阳市上练湖湿地及周边生态修复项目

3.3.1 项目背景

丹阳位于江苏省南部，地处长江三角洲、上海经济圈走廊，属太湖流域片区。练湖位于丹阳城区西北部，北靠宁镇丘陵余脉，东依江南运河，南与老城区接壤，西临 312 国道、沪蓉高速公路横贯中部，现状总面积 18km²。练湖曾是丹阳市兼具调蓄山洪、灌溉、济运等功能的重要生态基础设施，具有悠久的水力建设历史。

此次设计太湖流域丹阳市上练湖湿地项目范围内总占地面积约 133hm²，主要处理京杭大运河水，净化后的水作为下练湖的清洁水源（图 3.3.1、图 3.3.2）。

3.3.2 现状问题

上练湖及周边区域内湿地面积较少，大部分为鱼塘和农田，以鱼塘居多，生物种类单一，区域生态系统缺乏稳定、集中、系统的大型自然水体来调节气候，提升生态服务功能，改善城区生态环境。另外，太湖蓝藻爆发对入湖河流水质影响较大，且练湖内鱼塘、断头浜较多，导致入湖河道淤积较为严重，现状水环境较差。

3.3.3 设计理念、目标与策略

1. 设计理念

理念一：因地制宜——充分尊重现状肌理。

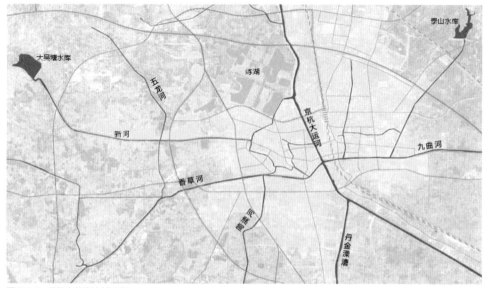

图 3.3.1　丹阳市练湖水域示意

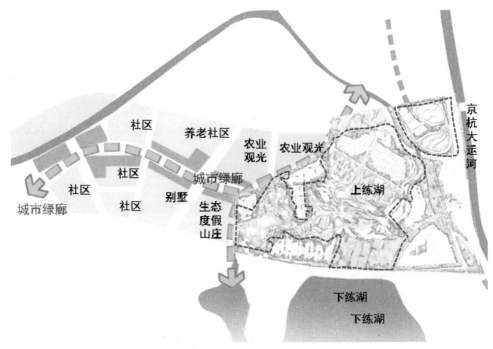

图 3.3.2　丹阳市上练湖湿地项目范围

理念二：节约高效——低成本维护，降低政府负担。

理念三：工艺最优——量身定制，以"水"为本。

2. 设计目标

① 恢复和建设湿地水面和水陆边界的生态属性：在不改变原有水系的前提下，对河道、鱼塘、蟹塘进行生态修复。

② 加强项目区水质的生态修复：加强水体的循环，进行换水、清淤，放养螺、蚌等底栖动物和各种野生鱼类，采取人工曝气的手段恢复水体的自净能力，恢复水生生态系统的平衡。

③ 建设生态廊道和完善湿地生态系统：沪宁高速横贯项目区，在高速两侧建设相应的生态廊道，减少交通对湿地生态景观的影响，完善练湖湿地生态系统尤其是水生及陆生植被的培育和保护，使其成为结构完整、功能完善、抗逆性强的湿地生态系统。

④ 控制和减少人为因素影响：根据对练湖湿地的调查和分析，大面积的鱼塘和蟹池以及工厂排污对练湖湿地生态系统和中心河、幸福河的水质影响较大。为了达到水体修复、提高湿地水体自净能力的目的，建议控制项目区围网养殖面积，水产养殖以自然放养为主，禁止在区

内进行一切畜禽养殖，严格控制污染源；项目区内的工厂及村镇进行搬迁，改善土地利用方式，严格控制项目区内建筑用地，合理调整农业经营模式；提倡使用有机复合肥（图 3.3.3 ）。

3. 技术策略

练湖湿地生态系统的修复项目，旨在通过湿地及生物多样性的保护，全面维护湿地生态系统的生态特性和基本功能，维持湿地生态系统的良性循环，保持和最大限度地发挥湿地生态系统的各种功能与效益，实现湿地资源的可持续利用。

通过实地调查和资料收集，掌握练湖湿地的实际情况，制定湿地生态系统修复方案。疏浚河道，维护河岸植物群落，整治原有鱼塘蟹池，将零星分布的鱼塘蟹池打通并深挖，形成开阔的水域，与河流相通，构建循环水系结构，扩大湿地水域面积。选用乡土树种，以近自然的方式构建水生植物群落及陆生植物群落，恢复湿地自然景观。结合沪宁高速沿线绿化标准，建设生态景观廊道。拆除规划区内的村庄及工厂，控制和减少进入练湖湿地的污染物量，并结合其他恢复规划，逐步改善现有湿地生态系统的结构，恢复湿地净化系统，改善水质，促进整个练湖湿地景观的恢复，重塑丹阳人民的"母亲河"（图 3.3.4 ）。

3.3.4 生态治理措施

1. 面源污染控制

丹阳市上练湖湿地工程面源污染控制主要从控源、截污和修复这三方面着手。其中控源是指从源头控制，减少污染输入；截污是指对地表径流携带的微污染水进行拦截和净化；修复是指通过植物生态系统的构建和生物生境的营造，修复受污染水体生态系统结构和功能。项目采用结构、工程和生态工程结合的措施防止工程区域水体的污染。

图 3.3.3　丹阳市上练湖湿地意向

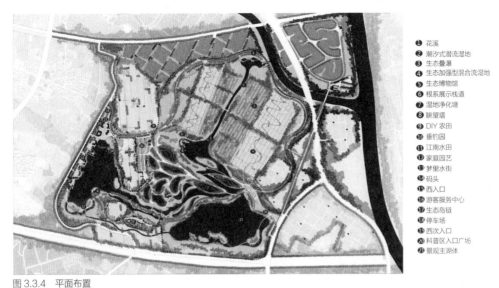

① 花溪
② 潮汐式潜流湿地
③ 生态叠瀑
④ 生态加强型混合流湿地
⑤ 生态博物馆
⑥ 根系展示栈道
⑦ 湿地净化塘
⑧ 眺望塔
⑨ DIY 农田
⑩ 垂钓园
⑪ 江南水田
⑫ 家庭园艺
⑬ 梦里水街
⑭ 码头
⑮ 西入口
⑯ 游客服务中心
⑰ 生态岛链
⑱ 停车场
⑲ 西次入口
⑳ 科普区入口广场
㉑ 景观主湖体

图 3.3.4　平面布置

控源措施：调整农田产业结构为旅游业，加强管理，并利用生态措施进行控制。将现状
鱼塘退塘还湿并进行改造，将原有鱼、蟹塘群贯通，创造高低起伏的水塘、浅滩以及不同淹水区，
利用鱼塘拆除的田埂、底泥在湖中堆积湖心岛（图 3.3.5、图 3.3.6）。

图 3.3.5　上练湖面源污染现状及控制策略示意

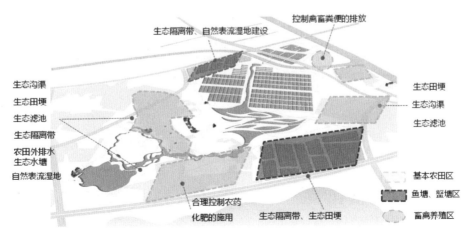

图 3.3.6　上练湖面源污染控制具体措施示意

157

截污措施：沉淀、过滤及净化。湖区水系结合周边农田通过生态沟渠、生态田埂、生态隔离带进行拦截，利用生态滤池、生态水塘结合自然表流湿地过滤净化。

修复措施：通过对植物系统、动物系统等进行修复建设，恢复生态系统结构和功能。在上练湖周边水体入湖前建设植被缓冲拦截带，构建灌草结合的缓冲岸带，同时选择净水能力较高的沼生、湿生植物吸附、净化入湖水体。利用现状坑塘等地形，在上练湖周边建设不同淹水区域的微地形环境，水域驳岸采用生态材料，水流环境中设置巨石，为不同生物种类创造多样性的生境条件。

2. 功能净水湿地

1）设计参数总体概述

结合丹阳当地气候特征、降水量、水面蒸发量以及练湖生态用水分析，计算得出上练湖人工湿地水处理规模不低于 90 000m³/d，换水周期不超过 90 天。湿地系统主要分为预处理、潮汐式潜流湿地、生态加强型混合流湿地、联动溪流和表流湿地五大功能单元，进水水质为地表水质标准劣 V 类，出水主要污染物水质指标为地表水质标准 IV 类水。湿地设计三套水质保障系统，分别为水质监测系统、应急预警系统和生态修复智能评估系统。

2）水质净化功能单元

水质净化部分主要由预处理、潮汐式潜流湿地、生态加强型混合流湿地、联动溪流和表流湿地五大功能单元组成，其工艺流程如下（图 3.3.7、图 3.3.8）：

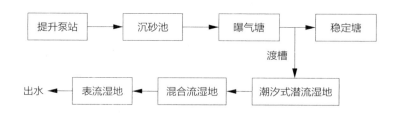

图 3.3.7 工艺流程示意

（1）预处理单元

预处理单元包括沉砂池、曝气塘和稳定塘，通过前期沉砂、曝气和沉淀作用，降低河水中不溶解于水的无机物、有机物、泥沙、黏土等物质的含量，降低 SS、COD 含量，防止湿地发生堵塞现象（图 3.3.9）。

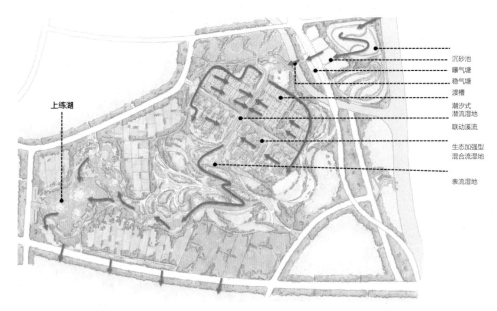

沉砂池
曝气塘
稳气塘
渡槽
潮汐式
潜流湿地
联动溪流
生态加强型
混合流湿地
表流湿地

上练湖

图 3.3.8　工艺流程平面布置

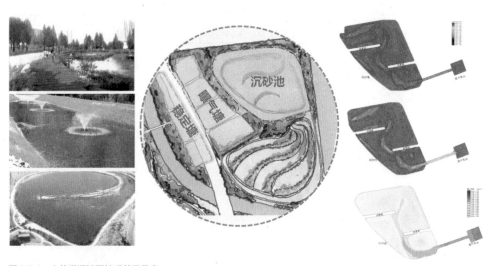

图 3.3.9　上练湖湿地预处理单元示意

（2）垂直潜流湿地

　　垂直潜流人工湿地是目前被广泛研究和应用的潜流人工湿地的一种。通常，人工湿地对污染物的去除主要是通过在湿地生态系统的填料、植物根系、微生物的共同作用下，进行物理、化学和生物过程来完成的。当污水流经湿地床体的生物膜时，悬浮物主要通过填料和植物根系的阻挡、截留作用而去除；有机污染物则通过生物膜的吸附、同化、异化作用被去除（图 3.3.10、图 3.3.11）。

针对本工程进水水质总氮、氨氮含量高的特点，设计垂直流人工湿地：设计湿地单元采用上进水、下出水的进水方式，增加水体缺氧状态的流路，充分进行反硝化作用，深度净化水体中总氮；在人工湿地单元前端布置曝气设备，为湿地单元中好氧细菌增氧，提高微生物活性，以达到去除总氮、氨氮的目的。

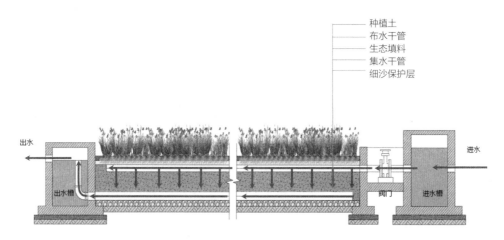

图 3.3.10　垂直潜流湿地剖面示意

图 3.3.11　垂直潜流湿地平面示意

（3）生态加强型混合流湿地

混合流湿地床体长期浸没在水体中，使水流处于饱和状态，形成厌氧环境，具有较强的反硝化反应能力，可有效去除含氮化合物。同时，由于湿地床体长时间处于浸水状态，而床体很多区域内基质形成土壤胶体，土壤胶体本身就具有很强的吸附性能，也能够截留和吸附进水中的悬浮颗粒（图 3.3.12、图 3.3.13）。

针对混合流湿地的较强反硝化反应特点和本工程总氮含量高的特点，可以与垂直潜流湿地结合，加强反硝化作用对氮的去除能力。污染水体先经潜流湿地，在较强的硝化反应作用下，去除氨氮，再经过混合流湿地，在较强的反硝化作用下，去除总氮。

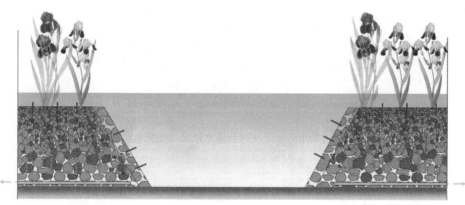

图 3.3.12　混合流湿地剖面示意

图 3.3.13　混合流湿地平面示意

（4）联动溪流

经垂直潜流和混合流人工湿地净化后的污水进入联动溪流，汇入下游表流湿地。联动溪流采用渡槽的形式，中间过水，两端供行人及电瓶车通行。渡槽每隔 5.0m 布置一支墩，支墩下采用桩基处理（图 3.3.14）。

（5）表面流湿地

表面流湿地在水质净化的同时注重加强生态修复和生物生境的营造，主要采用人工浮岛、水下森林、曝气富氧以及生态驳岸建设等措施增加水活力、优化区域水生态环境，重塑当地完整的水生态链（图 3.3.15）。

图 3.3.14 联动溪流剖面、平面示意

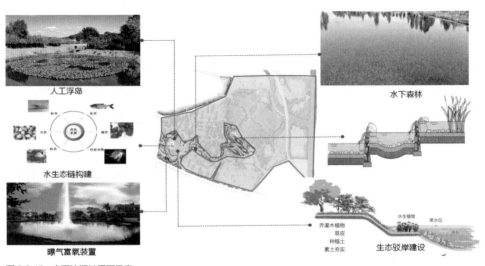

图 3.3.15 表面流湿地平面示意

3）水质保障系统

（1）水质监测系统

在湿地预处理区、潜流湿地区和表流湿地区分设水质监测设备，对水质数据进行实时监测，并对监测数据（即 TN、NH$_3$-N、TP、COD、BOD 等水质指标）进行单指标变动趋势分析。

另外，除对水质进行监测以外，对水量也进行实时监测。根据系统调试，通过智能电子阀门控制每个湿地单元的进水水量、进水时间，并根据湿地运转情况，调控人工湿地出水水量、时间及水位高差，在保障出水水质的前提下，打造灵动的出水景观效果。

（2）应急预警系统

构建生态响应机制，当碳氮比低于预定值时湿地自动增加碳源，为湿地反硝化作用能源消耗提供反应能量，确保湿地能效最大化。

构建生态预警机制，控制氮磷比，防止水体富营养化现象发生，设置自动添加微生物菌剂设备，加大湿地填料水质处理功能。

将太阳能作为预处理及表流湿地曝气设备的动能，在降低水中 NH$_3$-N 含量的同时增加水体溶解氧，创建更加生态环保的湿地园区。

（3）生态修复智能评估系统

构建数据采集模型，通过对项目区域内水量、水质、水动力、水生态和气象等数据的分析，将环境系统进行模拟优化，评估生态修复情况，拟恢复天然生态系统。

3. 海绵城市设计

1）建设目标及原则

建设目标：根据《丹阳城市总体规划（2014—2030）》及相关专项规划，项目区域海绵城市的年径流总量控制目标为 80%，综合径流系数小于 0.5，实现雨水净化后入湖，下渗减排及综合利用场区雨水。

建设原则：尊重自然水循环和生态过程，保护原有生态，人与自然和谐相处。

2）雨水收集及利用

按 37mm 降雨量计，考虑 5mm 初期雨水弃流，计算工程区域的雨水量约为 3.71 万立方米。为减轻洪汛压力，宜建设低影响开发雨水系统，利用人工与自然结合的方式，最大限度地实现雨水的积存、渗透和净化，促进雨水资源的利用和生态环境保护（图 3.3.16）。

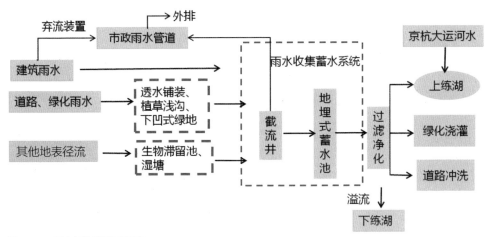

图 3.3.16　雨水径流利用途径示意

3）主要技术措施

渗：透水铺装，透水砖铺装的渗透率可以达到 0.85mm/min。

滞：植草沟，植被缓冲带为坡度较缓的植被区，经植被拦截及土壤下渗作用减缓地表径流流速，并去除径流中的部分污染物。

蓄：蓄水模块，通过蓄水模块的收集把雨水径流的高峰流量暂存其内，待最大流量下降后再从调蓄池中将雨水慢慢排出。

净：坑塘、湿地，具有雨水调蓄和净化功能的景观水体，雨水同时也是其主要的补水水源。

用：绿地浇灌，经拦截、蓄滞、净化的雨水可作为上练湖补水和浇灌绿地水源。

排：经净化、再利用剩余的雨水有组织地排入京杭大运河。

4. 种植专项设计

1）配置原则及要求

（1）配置原则

科学性：根据不同的湿地类型及其基底环境，把握水生植物配置的总体格局。

景观性：根据不同的主题和景观需求，针对性地配置湿地植物。

生态性：兼顾科普、景观和生态价值，强调水生植物的群落效果。

整体性：充分考虑周边环境，陆地、湿地生态系统协调一致。

（2）选择要求

表流湿地：重点选择乡土且具有较好的景观美化效果的湿地植物，可同时兼有一定的经济价值。

潜流湿地：选择根系发达、耐污能力强、去污效果好、抗冻、抗病虫害且容易管理的水生植物。

2）种植设计

（1）预处理区

根据空间搭配及植物去污效果进行合理搭配。

植物选择：菖蒲、菰、水葱、萍蓬草、莛草等。

（2）潜流湿地

根据水位特点、植物去污效果以及景观美学价值，布局方面兼顾层次感，高低不平、错落有致，且以有色花卉水生植物为主，配置强调水生植物群落的景观效果。

植物选择芦苇、香蒲、花叶芦竹、美人蕉、再力花、梭鱼草、风车草、泽泻、菖蒲、水葱、黄菖蒲、玉蝉花、纸莎草等（图3.3.17）。

美人蕉　　　　　再力花　　　　　花叶芦竹　　　　菖蒲

芦苇　　　　　　泽泻　　　　　　黄菖蒲　　　　　玉蝉花

图3.3.17　植物选择

（3）表流湿地及景观湖面

根据水中、水面、水上植物空间合理搭配；根据水边、浅水、深水植物水面梯度合理搭配；根据景观需求与不同主题，针对性配置（图3.3.18）。

植物选择香蒲、芦苇、菰、美人蕉、千屈菜、再力花、梭鱼草、风车草、水葱、水芹、黄菖蒲、菖蒲、灯心草、花叶芦竹、慈菇、泽泻、荷花、睡莲、萍蓬草、荇菜、菱、矮苦草、黑藻、狐尾藻、金鱼藻等。

景观湖面

香蒲、芦苇、菰、美人蕉、千屈菜、再力花、梭鱼草、风车草、水葱、水芹、黄菖蒲、灯心草、花叶芦竹、慈菇、泽泻、荷花、睡莲、萍蓬草、荇菜、菱、苦草、黑藻、狐尾藻等

图 3.3.18　丹阳上练湖湿地植物布局

3.3.5　达成效果

1. 建设项目对生态环境的影响

工程涉及区域以鱼塘、农田为主，属人工农田生态系统。随着本工程的建设，工程区域的生态系统转变为湿地生态系统，其生态系统服务功能得到了极大的提升。同时，湿地系统为各种动植物提供适宜的生长条件，增强了区域的生物多样性。

2. 土地利用格局的改变

随着本工程的建设，区域的土地将由原先人工改良自然和半自然的生态环境转变为净化河道的人工湿地环境，这一变化将使地块的功能彻底发生改变。

3. 对生物多样性的影响

项目工程区域范围内原有建设项目区域内原有生物多样性较为单一，物种种类较少，不

预处理区

菖蒲：去除 NH₃-N

菰：去除 TN、TP、BOD

水葱：降解 BOD、COD，去除 N、P 及有机物

萍蓬草：降解 COD

菹草：去除 TN、TP 和 NH₃-N

潮汐式潜流湿地与生态加强型混合流湿地

芦苇：去除悬浮物、氯化物、有机氮和磷

香蒲：讲解 COD 及石油废水中的有机物

美人蕉：去除污水中的 TP

风车草：去除污水中的 TN

泽泻、黄菖蒲、再力花：吸收、富集重金属

表流湿地

千屈菜、菖蒲：去除 NH₃-N

慈菇：降解 BOD、去除 TN、TP

梭鱼草：吸收、富集重金属

石菖蒲、黄花鸢尾：去除 TP

睡莲：降解 BOD、COD，去除 TN

荇菜：降解 BOD、COD，去除 TN、TP

金鱼藻：去除 TN、TP

存在国家重点保护的野生动植物，本次工程建设也不会破坏生态系统地域的连续性和物种的多样性。在目前状态下进行绿化景观设计，在人工绿化过程中充分种植与景观相协调的绿化树种，合理搭配乔木、灌木、草本，并大量种植香樟、竹等乡土植物，既增加了区域物种的多样性，又不会造成物种的入侵现象。

4. 水土流失

由于项目对不同植被的大量种植，起到了固化土壤的作用；同时，由于项目道路与地面较平整，使原来松动的土地硬化，减少了裸土。这些因素将减少水土流失，对区域水土流失产生一定的防治作用。

3.4　安徽省池州市清溪河流域水环境综合整治——小区 LID 改造 + 流域水环境治理

3.4.1　项目区位概况

池州市地处安徽省西南部，皖江南岸，北濒长江、东临宁沪、南接徽杭、西傍匡庐，为皖江南岸的中心城市之一。池州市处于长江经济城镇带上，是长江南岸重要的滨江港口城市，也是泛长三角腹地，长三角城市群成员城市、皖江城市带承接产业转移示范区城市。池州市为安徽省"两山一湖"（黄山、九华山、太平湖）旅游区北部的服务中心，也是安徽省"两山一湖"旅游区的重要组成部分，是皖南国际文化旅游示范区核心区域（图 3.4.1）。

3.4.2　自然地理条件

池州市地貌类型比较复杂，整个地势由东南向西北逐级下降，从中山、低山过渡到丘陵，最后至岗地、平原。中山是黄山余脉和九华山山脉，山脉海拔大部分为 1000 ~ 1400m，

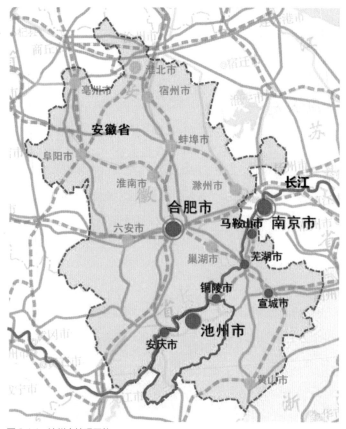

图 3.4.1　池州市地理区位

个别山峰达 1700m 以上，低山分布比中山要广，海拔 500 ~ 800m，山坡坡度在 25°~ 30°之间。

丘陵分布于低山外围和盆地、河谷平原的边缘及内部。丘陵间发育了较宽的河谷平原，包括秋浦河、青通河、九华河、清溪河等河口平原。岗地是池州主要的种植业用地。

池州市中心城区呈现南高北低、东高西低的地形地势。其中老城区中间高，四周低；东部新城区南高北低，中间高，东西低，呈现明显的岗地地形；站前区地势相对比较平坦。

3.4.3　海绵城市建设目标

1. 年径流总量控制率

池州市域：属于 Ⅳ 区，年径流控制率的范围为大于或等于 70% 且小于或等于 85%。

池州示范区：综合考虑天堂湖新区、老城区实际情况，示范区年径流总量控制率定值为 72%。经统计计算，72% 年径流总量控制率对应的设计降雨量为 24.2mm/d，即当日降雨量小于 24.2mm 时，整个示范区的雨水不外排。

本项目设计范围内的控制指标：径流总量控制率为 75%，对应设计降雨量为 26.8mm/d。

2. 径流污染控制目标

示范区 SS 总量去除率为 40%；本项目范围内 SS 总量去除率为 45%。

3. 暴雨内涝防治标准

确定池州市城市内涝防治标准为：示范区能有效应对不低于 30 年一遇的暴雨，即遭遇 30 年及以下的降雨时，示范区不会出现内涝灾害现象（表 3.4.1）。

表3.4.1　建成区外防洪标准

工程名称	防洪工程等级	防洪标准
平天湖堤防工程	2 级	100 年一遇
赵圩堤防工程	4 级	30 年一遇
云子畈圩堤防工程	4 级	30 年一遇

3.4.4　区域水环境问题分析

1. 海绵城市建设问题识别与需求分析

1）海绵城市水资源

源头年径流总量控制率难以落实。根据对池州市海绵城市建设范围的建筑小区及道路的现场踏勘，结合其他海绵城市建设过程中积累的经验，各小区普遍存在绿地等可用空间、竖向条件等较为不利的条件；部分小区内地库等地下设施的建设，使雨水难以通过下渗有效控制，难以落实《池州市海绵城市示范区建设专项规划》针对地块要求的控制率。

通过海绵城市建设，增加雨水下渗和回用。海绵城市建设过程中大量绿色雨水基础设施的建设，将有效增加池州市内雨水下渗总量，涵养地下水资源；雨水回用设施的建设，将降低生产生活对自来水和地下水的依赖，从而有效涵养和保护池州市宝贵的地表和地下水资源。

2）海绵城市水安全

城市内涝问题日益严重，排水系统不完善。通过对池州市中心城区进行内涝风险评估可知，池州市中心城区内涝高风险区、中风险区面积占比分别为 38.76%、27.85%，中心城区现状易涝点高达 234 个，积水严重区域主要集中在老城区，包括长江中路、翠微苑小区、南苑小区、齐山大道口、南湖苑等区域。

海绵城市建设会兼顾雨水基础设施的改善和提升，将低影响设施与排水管网和泵站建设、调蓄、城市内河整治等措施结合。此外，结合道路、建筑小区和公共空间（公园、绿地、广场）等增加地表雨水行泄通道和调蓄空间，有效提高示范区排水防涝能力，确保城市排水防涝能力的达标。

3）海绵城市水环境

随着城镇化速度加快，建筑容积率增大，城市地面硬化比例不断提高，河道与城市街道、居民区间的自然生态缓冲区减小，甚至消失，使初期雨水在冲洗了城市道路和建筑物后将大量泥沙和污染物质带入河湖，导致河湖水质污染愈加严重。

LID 等生态技术措施的应用，一方面可以削减控制雨水径流排放体积和峰值流量，净化雨水径流；另一方面，也可以减少雨水径流入管和控制峰值流量。对于雨污合流地区，优先进行雨污分流；分流改造确有困难的，将海绵城市建设作为合流制污水溢流污染控制的重要解决措施，并和管网修复、调蓄等措施相结合，对合流制排水系统进行改造，控制合流制污水年度溢染次数和年度溢流总量，统筹解决合流制污水的溢流污染问题。

2. 清溪河流域综合整治问题识别与需求分析

1）清溪河流域水资源问题识别与需求分析

池州市降雨及径流年际内变化较大，年内差异明显，时空分布不均匀。对于清溪河而言，降雨以及地表径流为清溪河流域补充了水源，但是冬季清溪河仍然存在严重的缺水现象，为了弥补冬季缺水，改善清溪河水质，当地采取开启杏花村排涝泵站，使白洋河水通过南湖沟进入清溪河，实现清溪河冬季补水的措施。但受白洋河水量限制以及排泵能力的影响，清溪河仍呈现冬季缺水的现象。因此，通过有效利用和合理调度清溪河流域水资源，采用自流形式清溪河补水，改善清溪河水动力、水质、节省能耗也是本项目要解决的内容。

对清溪河支流而言，现状水体的主要水源为降雨径流和污水排放，随着截污纳管工程推进，污水将纳入城市管网进入清溪河污水厂，部分支流将出现水资源短缺。因此，通过构建水系连通、水资源调配系统，为清溪河支流补充清洁水源、改善河流水动力、提升水质也是本项目要解决的内容。

2）清溪河流域水力调控问题与需求分析

由于清溪河流域现状——河湖水系部分被割裂、水体流动性差且没有形成系统性的连接，因此，解决清溪河流域周边河湖水系沟通，增强和提升水动力也是本项目需解决的问题。

3）清溪河流域水环境问题与需求分析

（1）受外源和内源污染影响较大

清溪河及其支流是池州市主城区的重要河流，池州城区虽进行部分截污等治理工作，但仍存在污水直排现象，同时受周边农田、养殖等面源污染影响，清溪河水质基本为Ⅳ类，中心沟、红河、南湖等水体均为黑臭水体，另外，由于外源污染的不断影响，水体内底泥淤积，造成清溪河及其支流的内源污染。因此，对清溪河流域水体进行外源截污与内源清淤疏浚是本项目待解决的问题。

（2）水质亟待提升及水生态系统破坏

清溪河支流及流域水体包括红河、中心沟、平天湖排涝沟、南湖等受点、面源污染的影响，水质基本为劣Ⅴ类水，并呈现不同程度的黑臭状态，影响清溪河水环境功能。同时存在藻类泛滥、鱼类死亡等现状，水生态系统遭到破坏。因此，强化水体净化与修复水生态系统是本项目将解决的问题。

（3）尾水直排造成水资源浪费、河流污染

目前，清溪河污水厂尾水直排入清溪河下游，尾水排放标准为国家一级A排放标准，其为国家地表劣 V 类水质，尾水直排造成河流污染，同时造成水资源浪费。因此，通过尾水生态净化工程对提标尾水水质，增加水资源的补给量是本项目要解决的问题。

4）水生态与水景观问题与需求分析

由于清溪河流域河湖水系受农业等污染影响，河湖湿地被人为开垦、种植，大量化肥农药、生活污水进入水体，造成水体水质下降，水生植被破坏，鸟类、水生动物减少等现象，导致水体生态系统和生态景观较差。根据问卷调查，受城市发展影响，南湖的鸟类数量下降。因此，恢复水环境的同时，需要加强对生态系统和生态景观的恢复建设，重构城市生态系统是本项目需解决的问题。

3. 海绵城市建设、清溪河流域水环境整治如何统筹与需求分析

本项目涉及海绵城市建设与水环境治理两大类项目，从雨水与污水两个角度进行治理。由于汇入清溪河流域及观湖赵圩流域的地表径流雨水没有经过拦截、净化，因此应通过改造和增加水体周边小区海绵城市措施，达到从源头削减、拦截、净化地表径流雨水的目的，建立源头与末端综合性海绵城市系统，二者是统一的整体。因此，统筹海绵城市建设与黑臭水体治理，统筹尾水水质提升与黑臭水体治理，统筹水质提升与景观空间打造，统筹工程治理与运营维护，提出综合性解决措施是本项目需解决的问题（图 3.4.2）。

3.4.5　总体思路与技术路线

1."蓄积"与"回用"相结合，涵养保护地表和地下水

池州地下水资源较丰富，应优先考虑将雨水净化后下渗蓄积，补充地下水；同时通过雨水收集回用，减少地下水和自来水的使用，涵养保护常规水源。通过源头地块低影响设施和末端绿地、湿地对雨水的调蓄、下渗、回补、涵养地下水，落实《池州市海绵城市建设三年实施规划（2015—2017）》中"确定水资源利用率为 3%"的规划目标。

2."源头"与"末端"相结合，系统实现 75% 年径流总量控制率要求

根据现场踏勘情况，分析地块源头实现雨水控制的潜力，系统梳理各个建筑小区、道路与周边的公园绿地进行综合设计，并结合末端清溪河绿地、黑臭水体治理、尾水湿地森林公园空间条件，构建涵盖"源头"和"末端"技术措施的雨水系统，落实设计范围 75% 年径流总量控制率（对应设计降雨量为 26.8mm）总体要求，实现清溪河流域水体达到国家地表Ⅳ类水质。

3."绿色"与"灰色"相结合，控制雨水径流和合流制溢流污染

示范区内 LID 等生态技术措施的应用，一方面能够有效削减控制雨水径流排放体积和峰

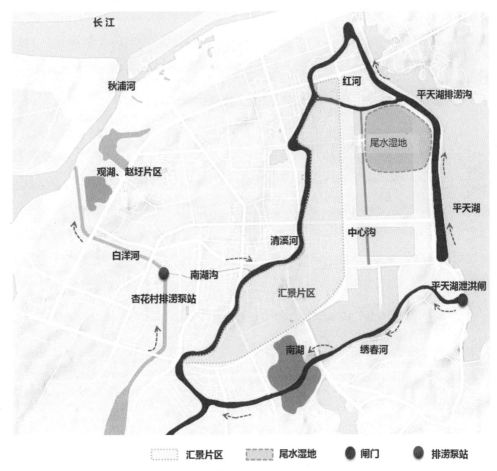

图 3.4.2　清溪河流域系统关系

值流量，净化雨水径流，直接降低雨水径流污染负荷排放量；另一方面，也可以减少雨水径流入管和控制峰值流量。对于雨污合流地区，且分流改造确有困难的，应将海绵城市建设作为合流制污水溢流污染控制的重要解决措施，并结合管网修复、调蓄等措施，对合流制排水系统进行改造，控制合流制污水年度溢染次数和年度溢流总量，统筹解决合流制污水的溢流污染问题。

4."地上"与"地下"相结合，改善示范区排水防涝能力

通过海绵城市的建设，可显著降低削减控制雨水径流排放体积和峰值流量，减少雨水径流入管，从而提高既有管网应对暴雨的能力；结合道路与管网改造工程，对现有排水能力不足的管网进行提标改造，有效提升常规排水系统的排水能力；此外，结合道路、建筑小区和

公共空间（公园、绿地、广场）等增加地表雨水行泄通道和调蓄空间，有效提高示范区排水防涝能力，缓解池州城区积水、内涝问题。在城市内涝严重地区，侧重于水量的控制，并与排水管网和泵站建设、调蓄、城市内河整治等措施结合，确保城市排水防涝能力的达标。

5. "功能"与"生态"相结合，修复与重建池州市水生态系统

海绵城市建设过程中，注重年径流总量控制率和排水防涝等硬性"功能"的落实；同时注重工程建设的生态和景观效果，于源头构建雨水花园、生态雨水设施，以及末端清溪河绿地、末端水体和生态湿地建设，有效修复和重建池州市水生态系统。对于河道及湖体污染比较严重的地区，要加强系统整治，恢复和保持河湖水系的自然连通，加强对城市坑塘、河湖、湿地等水体自然形态的保护和恢复，逐步改造渠化河道，重塑健康自然的弯曲河岸线，恢复自然深潭浅滩和泛洪漫滩，实施生态修复，营造多样性生物生存环境。同时，将尾水生态湿地处理工程与城市森林湿地公园建设相结合，实现水质净化功能与生态景观功能的统筹。

6. "治理"与"修复"相结合，实现水陆统筹治理

一方面通过对污水管道（含合流制管道）、截流管道的疏通、改造和重建，提高污水以及合流制管道雨季污水的截流能力；另一方面，通过对黑臭水体的清淤、水质强化处理、水生态修复综合技术措施，消除黑臭水体，达到国家地表Ⅳ类水水质标准。

7. 通过"提标"与"连通"提升，提供清洁水源形成水动力调控系统

清溪河污水处理厂尾水经过尾水生态处理工程，实现尾水的提标，达到国家地表Ⅳ类水标准，同时以尾水湿地为核心，将尾水湿地与关联黑臭水体形成连通水系，为现状黑臭水体提供清洁水源，并通过水量控制实现水动力调控，保障水体水质。

8. "建设"与"管理"相结合，构建海绵城市一体化信息平台。

在注重海绵城市建设的同时，构建海绵城市一体化信息平台，建设海绵城市建设及后期运行维护体制，考核、奖惩体系，为海绵城市持续建设和发挥作用提供平台和制度保障。

本方案结合池州市海绵城市建设面临的主要问题，根据池州市的实际条件，拟定池州市清溪河流域水环境综合整治的技术路线（图3.4.3）如下：

① 根据项目的建筑小区分布情况，按照系统性的原则，对建筑小区类型的建设项目进行优化布局，通过建筑小区、道路、绿地广场等各类型项目现场的实地踏勘，分析各典型项目的年径流总量控制率的达标潜力，对典型的小区进行方案设计，并进行模拟评估，确定能够

实现的年径流总量控制率，并据此估算各片区的达标情况。

② 通过截污纳管治理外源污染，清淤疏浚控制黑臭水体内源污染，通过微生物分解等强化措施净化水质，恢复水体生态系统，将水体中污染负荷降低到水环境容量，实现池州市黑臭水体治理。

③ 在规划红线范围内，统筹尾水生态湿地处理工程与城市森林湿地公园建设，实现尾水水质提标与城市空间景观打造相统一。尾水净化后，湿地与红河、中心沟、南湖等现状黑臭水体形成连通水系，为其周边黑臭水体补充清洁水源，实现水资源调配与水动力调控。

④ 经过综合治理措施达标的清溪河支流水体与清溪污水处理厂提标后的清洁水体，为清溪河补充干净水源，同时结合清溪河生态护岸工程及生态清淤工程，最终实现清溪河水资源补充与水环境改善。

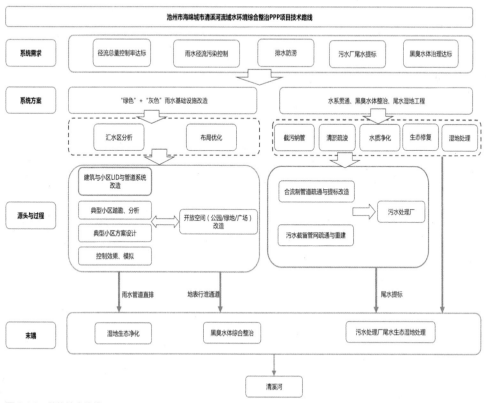

图 3.4.3 总体技术路线

3.4.6 水系连通方案

以清溪河为轴心，两侧分布中心沟、红河、平天湖排干沟、南湖等黑臭水体。现状水系连通性差，缺少水源补给。通过利用清溪污水厂尾水作为水源，连通清溪河流域河湖水系，实现水体的流动与水系沟通，同时为清溪河提供清洁水源。主要解决和连通的水域为红河沟、平天湖排涝沟、中心沟、南湖、清溪河，实现经尾水湿地净化后 3 条连通水路。

（1）清溪污水厂—尾水湿地—现状生态沟渠或中心沟—红河沟—清溪河

设计将中心沟与尾水湿地相结合，通过微地形的改造设计，将尾水湿地净化后的尾水通过中心沟排入红河沟，并将红河与清溪河连通处打通，实现尾水湿地—中心沟—红河沟—清溪河的水系连通。此外，一部分尾水湿地尾水通过新建沟渠进入百牙东路南侧中心沟，同时将百牙东路南北两侧中心沟连通，之后水体通过中心沟进入红河沟，继而进入绣春河。

采用 EFDC 模型模拟尾水湿地尾水进入红河沟 1 天左右的流速和流向变化情况，在最初的 0.12 天内，受红河沟水流影响，补水的水流流向一直呈变化趋势，而后趋于稳定，流向清溪河，流速基本为 0.05m/s（图 3.4.4）。

（2）清溪污水厂—尾水湿地—现状生态沟渠—绣春河—南湖—绣春河—清溪河

经尾水湿地处理的一部分尾水通过现状生态沟渠进入绣春河，同时利用自然导流设施，将绣春河的水导入南湖中，再流入到绣春河，最终汇入清溪河。

采用 EFDC 模型模拟尾水湿地尾水进入南湖 1 天左右的流速和流向变化情况，流速基本为 0.05m/s（图 3.4.5）。

（3）清溪污水厂—尾水湿地—现状生态沟渠—平天湖排涝沟—清溪河

经尾水湿地净化后的一部分水体通过生态沟渠进入平天湖排涝沟，并在平天湖排涝沟与清溪河连接处汇入清溪河。

采用 EFDC 模型模拟尾水湿地尾水进入平天湖排涝沟 1 天左右的流速和流向变化情况，流速基本为 0.2m/s（图 3.4.6）。

水系连通后，既解决了清溪河的清洁水源问题，又为池州市的城市景观系统提供了良好的水环境基底（图 3.4.7）。

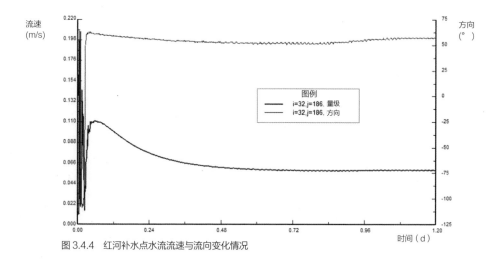

图 3.4.4　红河补水点水流流速与流向变化情况

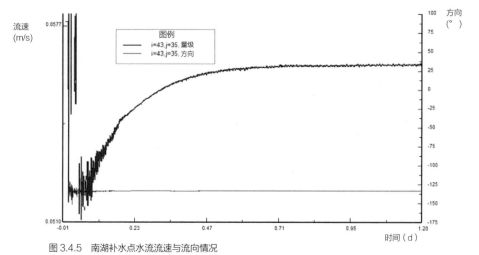

图 3.4.5　南湖补水点水流流速与流向情况

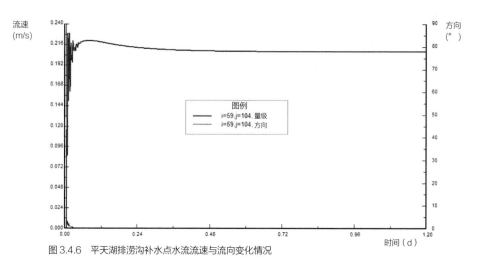

图 3.4.6　平天湖排涝沟补水点水流流速与流向变化情况

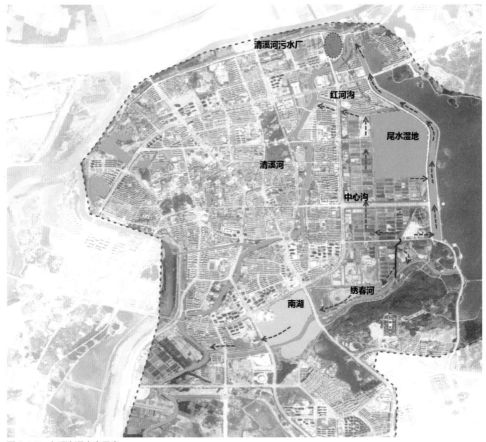

图 3.4.7　水系连通方案示意

3.4.7　尾水湿地建设方案

　　现状尾水湿地主要为鱼塘、建筑区和现状河流。湿地西侧和南侧为大面积鱼塘、养殖塘，北侧为红河和建筑区，东侧与平天湖通过平天湖排涝沟相隔，水体基本无流动，水体富营养化程度高，有大量满江红、浮萍等生长。植被种类和覆盖度高，主要为乔木、灌木、湿地植物；地形较为平坦，平均标高为 8 ~ 9m；场地被百牙东路分割成两段，湿地东侧与平天湖大道相接。

　　尾水湿地设计处理最大负荷 10 万吨 / 天，处理全部清溪污水处理厂日常尾水。出水水质指标除总磷小于或等于 10mg/L 外，其他指标达到地表水Ⅳ类水标准，将作为清溪河补给水源，保障补水线路沿途水体水质维持现状。通过水系植被修复、生态建设和加强管理等措施，营造与维护尾水湿地景观效果，达到郊野公园标准。

　　为营造健康湿地生态系统，连通湿地与清溪河流域以及周边水系，构建循环水系统，将湿地纳入城市水系生态网络，从而改善清溪河流域以及周边水系的黑臭现象。将清溪河污水处理厂尾水补给到人工湿地，同时收纳雨水补给，保障人工湿地具有充足的水源。构建内部水网体系，实现多级水体净化结构，为后期湿地水生态系统构建提供保障。依据现状生境评价结果及生态水网布局规划，制定景观湿地公园湿地核心区的生境构建和恢复战略，确定生境构建的位置、类型及重要的水系廊道。同时，保护、恢复及重建稳定的植物群落系统和动物栖息地，逐步丰富湿地内动物群落，从而构建理想、完善的食物链结构系统。

引入人工湿地净化系统，提高区域水环境质量，确定"保护优先、合理利用、持续发展"的基本原则。在不超过场地生态承载力的前提下，进行绿色游步道开发，并串联湿地森林景观公园与池州市居民生活区，让湿地森林公园成为池州市居民休闲娱乐重要场所。

生态公园的边界带具有高生物多样性、丰富的特有种、大量外来种、频繁的物质流动、敏感的时空动态性、结构的异质性和脆弱性等特征。设计以恢复和营建生态过渡带为基础，适当介入影响度较低的栈道体系和活动场地，使游人与生态环境形成互动，同时保障湿地生态公园稳定良性的发展。

湿地公园作为一类特殊的生态系统，具有一定的科普教育作用与功能意义，全园设置系统的游览展示系统，注重对公众环境保护意识的培养。同时，可结合池州市特有的历史人文特点，将池州市的文化特征融入湿地建设，构建湿地公园特有的人文与景观特征，使得湿地景观具有地方特色和归属感。

为深度净化和处理清溪污水厂尾水，为清溪河提供补水水源，同时为恢复湿地水生态环境，建设森林湿地公园景观，设计采用人工与自然结合的方式，利用生态工程措施，构建功能型人工湿地、自然表流湿地，实现Ⅳ类（除总氮小于或等于10mg/L外）出水水质目标，恢复湿地生态系统结构和功能。结合实际情况，为净化污水厂尾水，采用两级垂直潜流与表流湿地、生态塘结合的形式净化和稳定出水水质，以恢复湿地水环境，营造多样性的生物生境，恢复生物多样性（图3.4.8~图3.4.10）。

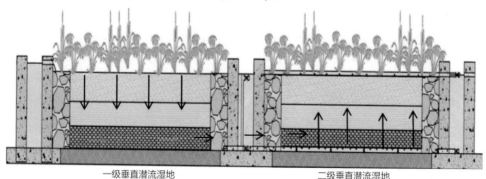

一级垂直潜流湿地　　　　　二级垂直潜流湿地

图3.4.8　垂直潜流湿地

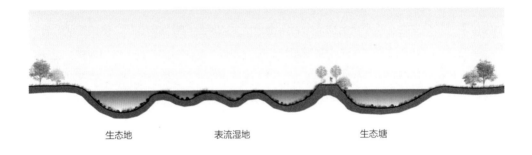

生态地   表流湿地   生态塘

图 3.4.9 尾水湿地剖面

① 垂直潜流人工湿地
② 一级表流湿地
③ 一级生态塘
④ 二级表流湿地
⑤ 二级生态塘
⑥ 生态沟渠
⑦ 闸门
⑧ 管理房
⑨ 观景凉亭
⑩ 服务建筑
⑪ 主入口
⑫ 次入口
⑬ 休闲广场
⑭ 花田烂漫
⑮ 水秀看台

图 3.4.10 尾水湿地工程布置

3.4.8 黑臭水体整治工程

　　黑臭水体治理的前提是污染源的控制与治理，点源污染一般通过截污纳管，将初期雨水截留入污水处理厂；面源污染一般采用生态沟渠、生态田埂及生态拦截带等技术拦截农业和周边街道、小区的地表径流；内源污染则采用清淤疏浚的方法削减污染物。黑臭水体治理的关键则在于通过调水引流和水系沟通恢复水动力和水文条件。陆域及河滨、湖滨过渡带可采用海绵城市建设措施，构建植草沟、生态沟渠、生态驳岸和下沉式绿地等改善水质。水域则需对水环境进行治理及恢复水生态。常用措施主要有推流曝气、水下森林、人工浮岛、人工湿地、微生物处理设备、生态砾石床、生物调控和生物生境构建等。微生物菌剂、生物絮凝剂一般用于应急。

根据现状黑臭水体区域及水系关系，分为河湖联动治理类和雨水调蓄净化类。红河沟、中心沟、平天湖排涝沟、南湖与清溪河直接或间接联通，现状水系被割裂，流动性差，属于河湖联动类；依据《池州市城市排水防涝综合规划》，观湖和赵圩作为池州市海绵城市建设重要的末端调蓄湖体，属雨水调蓄净化类。

平天湖排涝沟面积约 12.5hm^2，属轻度黑臭水体，主要解决沿岸雨水截流，面源污染控制及水动力恢复问题（图 3.4.11）。

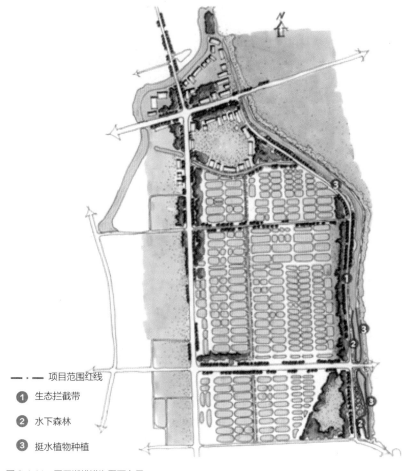

—·— 项目范围红线

1 生态拦截带

2 水下森林

3 挺水植物种植

图 3.4.11 平天湖排涝沟平面布局

中心沟面积约 4.2hm²，为重度黑臭水体，主要解决面源污染控制及水动力恢复问题（图 3.4.12）。

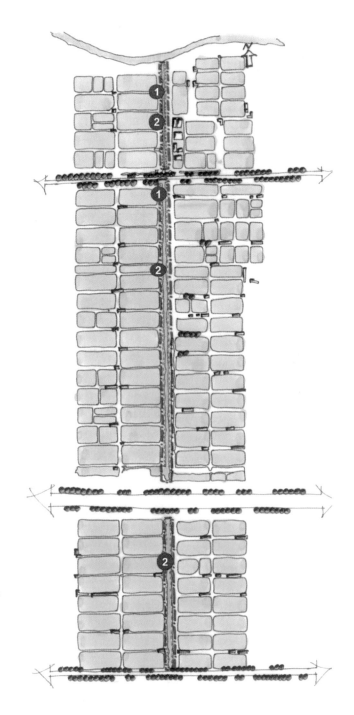

—·— 项目范围红线

❶ 生态拦截带

❷ 岸带修复

图 3.4.12　中心沟平面布局

南湖面积约 160hm^2，为重度黑臭水体，主要解决水动力恢复、水质改善及生境营建问题（图 3.4.13）。

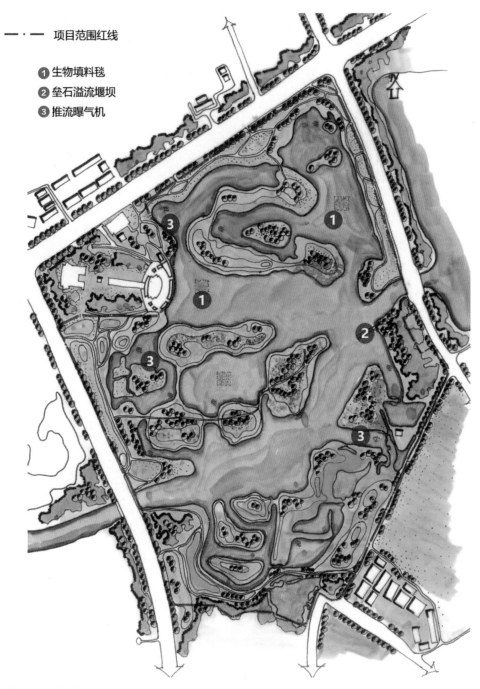

图 3.4.13　南湖平面布局

观湖面积约 20.9hm²，为重度黑臭水体，主要解决雨污排放口截流、周边面源污染的拦截、净化以及水体去富营养化的问题（图 3.4.14）。

— · — 项目范围红线

❶ 人工湿地

❷ 坑塘

❸ 微生物毯

❹ 推流曝气机

❺ 水下森林

❻ 湖滨陆域景观绿化

❼ 雨水旋流分离器

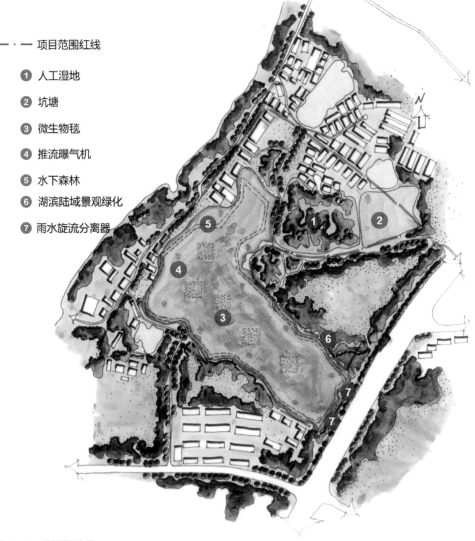

图 3.4.14 观湖平面布局

赵圩面积约 22.8hm²，为轻度黑臭水体，主要解决雨污水截流、地表径流拦截、净化以及增强湖体水动力的问题（图 3.4.15）。

红河沟面积约 1.95hm²，为轻度黑臭水体，主要解决沿岸雨水、生活污水截流，水动力及水质改善问题（图 3.4.16）。

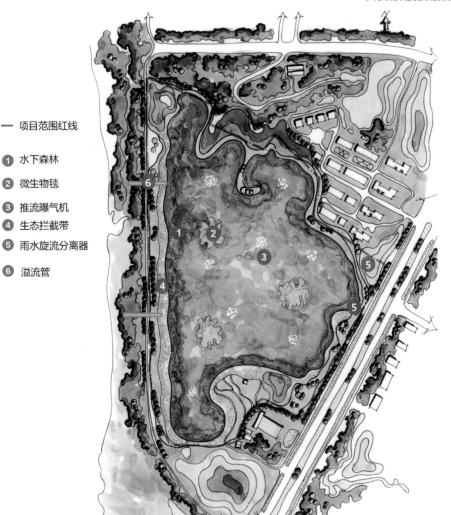

— · — 项目范围红线

❶ 水下森林

❷ 微生物毯

❸ 推流曝气机

❹ 生态拦截带

❺ 雨水旋流分离器

❻ 溢流管

图 3.4.15　赵圩平面布局

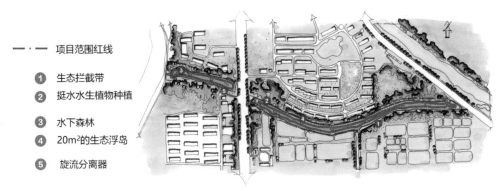

— · — 项目范围红线

❶ 生态拦截带

❷ 挺水水生植物种植

❸ 水下森林

❹ 20m² 的生态浮岛

❺ 旋流分离器

图 3.4.16　红河沟平面布局

4

海绵城市可持续发展应用展望

4.1　技术展望

4.1.1　创新型可持续海绵材料发展

技术发展的分水岭即将到来，一些陈旧的理念和技术都将被颠覆。在此过程中，落后于技术的设计将毫无用武之地，正面应对技术升级，进一步将设计与其相融合，会成就新的竞争优势。

技术也将带来海绵城市建设领域中材料成本的降低，一些初期供给不足的特殊材料，也将变为基本型的建设材料。从中选择优质优价的材料，识别其在海绵城市中实质性的作用效果，也将是纷繁的材料，对设计师提出的新的挑战。同时，更丰富的材料也将触发更多样的设计形态，海绵城市的景观风貌也将愈加多元。

例如，再生骨料透水混凝土是通过对废弃混凝土骨料和细骨料进行科学配比而成，其各项性能均优于天然骨料，降低了城市建设成本，同时满足海绵城市吸水透水的要求，提高了废弃混凝土的利用率。

生态砂基透水砖是海绵城市建设过程中产生的创新透水材料之一，能有效解决传统透水材料通过孔隙透水易被灰尘堵塞及"透水与强度""透水与保水"相矛盾的技术难题，并且具有良好的透水、透气性能。

土壤有机覆盖物也因为其保持土壤水分、增加土壤养分及吸滞与降解污染等优势被逐步应用到海绵城市建设过程中来。天津水上公园建设过程中大面积使用了土壤有机覆盖物，不仅解决了树草矛盾问题，还节约了水资源与养护成本，改善了局部空气质量，对于城市的绿色可持续发展有着重要意义。

4.1.2　基于大数据分析的可持续海绵设计

近年来，我国在海绵城市实践过程中，由于目标不长远、着眼点狭隘或急于工程等原因，出现了海绵城市规划设计碎片化的现象。在某些城市，规划者不注意或不善于对城市综合问题进行梳理和把握，缺乏对城市或流域全局的整体把握和科学系统方案的制定，仅停留在一些简单、盲目的"支离破碎"的项目上。再加上设计过程中数据收集不足，联网管理滞后，严重影响了城市精细化管理水平的提升，与生态城市的智慧可持续发展背道而驰。

在当今互联网时代背景下，海绵城市也将依托新兴大数据信息技术，从城市水生态这一整体出发，基于城市雨洪可持续发展理论，系统地治理城市水问题。

在制度方面，海绵城市建设要充分调动政府、企业、社会组织和市民等多元主体参与的积极性，在组织、资金、公众参与等层面进行协同治理，构建各主体间信息共享、反馈互动、协同治理的合作机制，实现海绵城市的可持续发展。在信息管理方面，海绵城市设计中融入智慧城市的理念，通过物联网、云计算、大数据等信息技术，把各种各样的集中或分布式的能源、绿色设施和海绵城市建设设施协同起来。通过数采仪、无线网络、水质水压表等在线监测设备实时感知城市给排水系统的运行状态，并采用可视化的方式有机整合水务管理部门与供排水设施，形成"城市水务物联网"，构建具有自组织、自感知、自预防和自应对等特性的海绵城市。让海绵城市在管理上贯彻协同治理思想，在运行操作上运用智能信息技术，让城市在管理上实现智能发展，也让城市在生态上更具弹性和韧性，从而实现人与生态的可持续发展。

4.2　海绵城市可持续发展理念的延伸应用

4.2.1　在城市更新规划设计方面的应用

城市发展的城镇化建设将逐步完成，海绵城市将更多地延伸到存量的城市更新中去。相对于新建区域的规划设计，城市存量空间的海绵升级面临更为复杂的问题，也需要更有实施性的规划方案。

随着可持续发展理念的提出，海绵城市理念在城市更新建设中得到越来越多的关注。城市更新规划设计中，更加注重采用大数据统计进行科学计算、应用新材料进行建设提升城市对雨水的净化、处理和利用能力，使城市在适应环境变化以及应对雨水带来的自然灾害方面具有良好的"弹性"，减少城市内涝等问题。在城市更新规划设计阶段，将更新区域的海绵城市建设划分为宏观、中观与微观层面进行分析。宏观层面为流域尺度，主要与土地利用规划、城市总体规划相结合，在物联网、云计算、大数据信息技术支持下，以水安全格局为核心，体现源头控制、预防为主的原则，综合雨洪调蓄、水质净化、栖息地保护、文化遗产保护及生态休憩等方面的功能，形成区域的生态基础设施，构成宏观尺度的"海绵城市"，实现生态防洪和区域性的生态雨洪管理目标。中观层面主要为城区、乡镇、村域尺度，或是城市新区和功能区块，与城市控制性规划相衔接，综合解决更新建设区域内的水系和湿地规划、绿地分布规划、绿道及慢行系统规划，及其与城市建筑和基础设施格局的相互衔接关系，利用智能信息技术和模拟技术，实现局地的雨洪管理目标。微观层面为具体的海绵体，与城市规划的修建性详细规划相结合，根据开发活动和雨洪产生、迁移和传输三个阶段的特点，同时考虑原有城市基底的布局、创新型可持续海绵材料的优势，做出 LID 设施的选择与设计。澳大利亚开发的 MUSIC 软件可从不同空间和时间尺度模拟城市雨水径流过程，定量评估海绵城市设计的水量指标、水质指标以及经济效益，可合理制定与城市发展相适应的整体规划。

4.2.2　在海绵城市建设方面的应用

海绵城市建设主要针对传统城市建设过程中对径流雨水的处理不够科学合理等方面，从源头到末端，对雨水的渗透、净化、储蓄和利用进行科学管理。

雨水渗透管理主要体现在城市建设过程中减少不透水路面面积，增加透水材料的应用，增加雨水对地下水的补给，减小城市内涝风险。由于传统透水材料应用多方受限，更多的创新型环保透水材料应运而生，如生态砂基透水砖、土壤有机覆盖物等。雨水净化和调蓄则依靠植被缓冲带、初期雨水弃流过滤设施、雨水湿地等低影响开发技术。在提升城市景观基础上衍生出雨水花园、生态树池等雨水调蓄净化设施。

在强化城市雨水管理设施后，基于大数据构建一体化城市管理平台，从源头——雨水径流数据的动态化采集、雨水在城市区域的积存、渗透和净化的数字感知，实现城市雨水资源体系的建模、统计、收集和利用过程的数字化动态监测，实现地表水污染源和指标的实时监测；到末端——对海绵城市的建设、管理和运维的业务监管提供技术支撑，在全面数据感知的基础上，为宏观层面的指挥协调、服务监管、异常预警和辅助决策提供过程数字化、管理可视化、决策数据化的能力。

4.2.3　在城市运营中应用

在互联网信息发达的今天，城市运营正趋于系统性、协同性和智能性。海绵城市以城市整体规划为出发点，整体协调调配城市水资源，改变传统城市"快速排水"和"集中处理"的规划设计理念，考虑水资源的循环利用，并与径流污染控制相衔接，将城市变成一个能够持续"自然积存、自然渗透、自然净化"的海绵城市。可持续海绵城市还与城市绿地系统、水系布局和市政工程建设相结合，并融入物联网、大数据、云计算等智慧手段，以及创新型海绵城市材料，在城市运营中充分发挥海绵城市的最大弹性调蓄功能。

智慧创新型海绵城市的理念用于城市运营管理中，可以在多方面得到显著的体现。例如：可以实现对排水和雨水收集进行智能化控制，实时判断是否发生堵塞及渗漏问题；对水体的污染情况进行实时反馈以便及时寻找污染源；实时智能监测雨水量以实现防洪排涝预警，监测雨情实现智能化灌溉等。

参考文献

[1] 宋振华.城市路网布局对比研究 [D].淄博：山东理工大学，2012.

[2] 孙芳.基于海绵城市的城市道路系统化设计研究 [D].西安：西安建筑科技大学，2015.

[3]《海绵城市建设技术指南——低影响开发雨水系统构建（试行）》发布实施 [J].城市规划通讯，2014，21：8.

[4] 文国玮.城市交通与道路系统规划 [M].北京：清华大学出版社，2007.

[5] 中华人民共和国住房和城乡建设部.CJJ37—2012 城市道路工程设计规范 [S].北京：中国建筑工业出版社，2012.

[6] 聂大华.城市道路雨水利用设计概要：中国土木工程学会市政工程分会城市道路与交通工程委员会.第九次全国城市道路与交通工程学术会议论文集 [C].北京：中国土木工程学会市政工程分会城市道路与交通工程委员会，2007.

[7] 杨少伟.道路勘测设计（第三版）[M].北京：人民交通出版社，2009.

[8] 许彬.SWMM 模型和 GIS 技术在海绵城市建设中的应用 [J].江苏城市规划，2016，10:46-47.

[9] 俞孔坚：建海绵城市与生态修复技术至关重要 [J].中华建设，2017，03:41.

[10] 郑永新，彭红梅，董先农，等.基于海绵城市理念的贵州贵安新区星月湖公园规划初探 [J].广东园林，2016，04:38- 40.

[11] 杨贤房，张安皓.海绵城市背景下城市道路规划设计方法优化研究 [J].赣南师范大学学报，2017，03:98- 101.

[12] 付凌云，张千千.关于智慧化海绵城市的展望分析 [J].智能建筑与智慧城市，2018，03:91- 92.

[13] 李方正，胡楠，李雄，等.海绵城市建设背景下的城市绿地系统规划响应研究 [J].城市发展研究，2016，23（07）:39- 45.

[14] 仝贺，王建龙，车伍，等.基于海绵城市理念的城市规划方法探讨 [J].南方建筑，2015，04:108- 114.

[15] 彭翀，张晨，顾朝林.面向"海绵城市"建设的特大城市总体规划编制内容响应 [J].南方建筑，2015，03:48- 53.

[16] 李显，张悦，陈家珑，等.海绵城市建设中再生骨料蓄水层蓄水能力的研究 [J].中国给水排水，2016，32（03）:86- 88.

[17] 韩葳葳，孟昭博，张辉，等.新型透水砖设计及制备方法研究 [J].山西建筑，2017，43（28）:110- 112.

[18] 樊志红.智慧型海绵城市的探讨与展望 [J].中国水运（下半月），2018，18（02）:197- 198.

[19] 李运杰，张弛，冷祥阳，等.智慧化海绵城市的探讨与展望 [J].南水北调与水利科技，2016，14（01）:161- 164+171.

图书在版编目（CIP）数据

海绵城市+水环境治理的可持续实践 / 正和恒基著

. —— 南京：江苏凤凰科学技术出版社，2020.2

（海绵城市设计系列丛书 / 伍业钢主编）

ISBN 978-7-5713-0354-9

Ⅰ．①海… Ⅱ．①正… Ⅲ．①城市环境－水环境－流域治理－可持续性发展 Ⅳ．①X143

中国版本图书馆CIP数据核字(2019)第100907号

海绵城市设计系列丛书

海绵城市+ 水环境治理的可持续实践

著　　　者	正和恒基	
项 目 策 划	凤凰空间 / 杨　琦	
责 任 编 辑	刘屹立　赵　研	
特 约 编 辑	杨　琦	

出 版 发 行	江苏凤凰科学技术出版社
出版社地址	南京市湖南路1号A楼，邮编：210009
出版社网址	http://www.pspress.cn
总 经 销	天津凤凰空间文化传媒有限公司
总经销网址	http://www.ifengspace.cn
印　　　刷	北京博海升彩色印刷有限公司

开　　　本	710 mm×1 000 mm　1 / 16
印　　　张	12
版　　　次	2020年2月第1版
印　　　次	2020年2月第1次印刷

标 准 书 号	ISBN：978-7-5713-0354-9
定　　　价	128.00元

图书如有印装质量问题，可随时向销售部调换（电话：022-87893668）。